水利水电工程施工技术全书

第五卷 施工导（截）流
与度汛工程

第五册

截流模型试验

梁湘燕 等 编著

中国水利水电出版社
www.waterpub.com.cn
·北京·

内 容 提 要

本书是《水利水电工程施工技术全书》第五卷《施工导（截）流与度汛工程》中的第五分册。本书系统阐述了截流模型试验方面的技术研究、创新成果、新方法和新措施。主要内容包括：综述、截流模型设计（包括相似准则）、截流模型制作与安装、截流模型试验、截流模型试验工程实例等。

本书可作为水利水电工程施工领域的工程技术人员、工程管理人员和高级技术工人的工具书，也可供从事水利水电工程科研、设计、建设及运行管理和相关企事业单位的工程技术人员、工程管理人员应用，并可作为大专院校水利水电工程专业及机电专业师生教学参考书。

图书在版编目（CIP）数据

截流模型试验 / 梁湘燕等编著. -- 北京 ：中国水利水电出版社，2020.5
（水利水电工程施工技术全书. 第五卷，施工导（截）流与度汛工程 ；第五册）
ISBN 978-7-5170-8538-6

Ⅰ. ①截… Ⅱ. ①梁… Ⅲ. ①截流—模型试验 Ⅳ. ①TV551.2-33

中国版本图书馆CIP数据核字(2020)第069900号

书 名	水利水电工程施工技术全书 **第五卷　施工导（截）流与度汛工程** **第五册　截流模型试验** JIELIU MOXING SHIYAN	
作 者	梁湘燕　等 编著	
出版发行	中国水利水电出版社 （北京市海淀区玉渊潭南路 1 号 D 座　100038） 网址：www. waterpub. com. cn E - mail：sales@ waterpub. com. cn 电话：(010) 68367658（营销中心）	
经 售	北京科水图书销售中心（零售） 电话：(010) 88383994、63202643、68545874 全国各地新华书店和相关出版物销售网点	
排 版	中国水利水电出版社微机排版中心	
印 刷	天津嘉恒印务有限公司	
规 格	184mm×260mm　16 开本　8.75 印张　207 千字	
版 次	2020 年 5 月第 1 版　2020 年 5 月第 1 次印刷	
印 数	0001—2000 册	
定 价	**56.00 元**	

《水利水电工程施工技术全书》
编审委员会

《水利水电工程施工技术全书》
各卷主（组）编单位和主编（审）人员

卷序	卷名	组编单位	主编单位	主编人	主审人
第一卷	地基与基础工程	中国电力建设集团（股份）有限公司	中国电力建设集团（股份）有限公司 中国水电基础局有限公司 中国葛洲坝集团基础工程有限公司	宗敦峰 肖恩尚 焦家训	谭靖夷 夏可风
第二卷	土石方工程	中国人民武装警察部队水电指挥部	中国人民武装警察部队水电指挥部 中国水利水电第十四工程局有限公司 中国水利水电第五工程局有限公司	梅锦煜 和孙文 吴高见	马洪琪 梅锦煜
第三卷	混凝土工程	中国电力建设集团（股份）有限公司	中国水利水电第四工程局有限公司 中国葛洲坝集团有限公司 中国水利水电第八工程局有限公司	席　浩 戴志清 涂怀健	张超然 周厚贵
第四卷	金属结构制作与机电安装工程	中国能源建设集团（股份）有限公司	中国葛洲坝集团有限公司 中国电力建设集团（股份）有限公司 中国葛洲坝集团机电建设有限公司	江小兵 付元初 张　晔	付元初 杨浩忠
第五卷	施工导（截）流与度汛工程	中国能源建设集团（股份）有限公司	中国能源建设集团（股份）有限公司 中国葛洲坝集团有限公司 中国水利水电第八工程局有限公司	周厚贵 郭光文 涂怀健	郑守仁

《水利水电工程施工技术全书》
第五卷《施工导（截）流与度汛工程》
编委会

主　　编：周厚贵　郭光文　涂怀健

主　　审：郑守仁

委　　员：（以姓氏笔画为序）

牛宏力　尹越隆　吕芝林　朱志坚　汤用泉

孙昌忠　李克信　李友华　肖传勇　余　英

张小华　陈向阳　胡秉香　段宝德　晋良军

席　浩　梁湘燕　覃春安　戴志清

秘书长：李友华

副秘书长：程志华　戈文武　黄家权　黄　巍

《水利水电工程施工技术全书》
第五卷《施工导（截）流与度汛工程》
第五册《截流模型试验》
编写人员名单

主　　编：梁湘燕

审　　稿：李学海

编写人员：梁湘燕　胡秉香　段宝德　陈向阳

　　　　　颜静平　黄　荣　程志华

序 一

　　水利水电工程建设在我国作为一项基础建设事业，已经走过了近百年的历程，这是一条不平凡而又伟大的创业之路。

　　新中国成立66年来，党和国家领导一直高度重视水利水电工程建设，水电在我国已经成为了一种不可替代的清洁能源。我国已经成为世界上水电装机容量第一位的大国，水利水电工程建设不论是规模还是技术水平，都处于国际领先或先进水平，这是几代水利水电工程建设者长期艰苦奋斗所创造出来的。

　　改革开放以来，特别是进入21世纪以后，我国的水利水电工程建设又进入了一个前所未有的高速发展时期。到2014年，我国水电总装机容量突破3亿kW，占全国电力装机容量的23%。发电量也历史性地突破31万亿kW·h。水电作为我国当前重要的可再生能源，为我国能源电力结构调整、温室气体减排和气候环境改善做出了重大贡献。

　　我国水利水电工程建设在新技术、新工艺、新材料、新设备等方面都取得了突破性的进展，无论是技术、工艺，还是在材料、设备等方面，都取得了令人瞩目的成就，它不仅推动了技术创新市场的活跃和发展，也推动了水利水电工程建设的前进步伐。

　　为了对当今水利水电工程施工技术进展进行科学的总结，及时形成我国水利水电工程施工技术的自主知识产权和满足水利水电建设事业的工作需要，全国水利水电施工技术信息网组织编撰了《水利水电工程施工技术全书》。该全书编撰历时5年，在编撰过程中组织了一大批长期工作在工程建设一线的中青年技术负责人和技术骨干执笔，并得到了有关领导、知名专家的悉心指导和审定，遵循"简明、实用、求新"的编撰原则，立足于满足广大水利水电工程技术人员的实际工作需要，并注重参考和指导价值。该全书内容涵盖了水利水电工程建设地基与基础工程、土石方工程、混凝土工程、金属结构制作与机电安装工程、施工导（截）流与度汛工程等内容的目标任务、原理方法及工程实例，既有理论阐述，又有实例介绍，重点突出，图文并茂，针对性及可操作性强，对今后的水利水电工程建设施工具有重要指导作用。

《水利水电工程施工技术全书》是对水利水电施工技术实践的总结和理论提炼，是一套具有权威性、实用性的大型工具书，为水利水电工程施工"四新"技术成果的推广、应用、继承、创新提供了一个有效载体。为大力推动水利水电技术进步和创新，推进中国水利水电事业又好又快地发展，具有十分重要的现实意义和深远的科技意义。

水利水电工程是人类文明进步的共同成果，是现代社会发展对保障水资源供给和可再生能源供应的基本需求，水利水电工程施工技术在近代水利水电工程建设中起到了重要的推动作用。人类应对全球气候变化的共识之一是低碳减排，尽可能多地利用绿色能源就成为重要选择，太阳能、风能及水能等成为首选，其中水能蕴藏丰富、可再生性、技术成熟、调度灵活等特点成为最优的绿色能源。随着水利水电工程建设与管理技术的不断发展，水利水电工程，特别是一些高坝大库能有效利用自然条件、降低开发运行成本、提高水库综合效能，高坝大库的（高度、库容）记录不断被刷新。特别是随着三峡、拉西瓦、小湾、溪洛渡、锦屏、向家坝等一批大型、特大型水利水电工程相继建成并投入运行，标志着我国水利水电工程技术已跨入世界领先行列。

近年来，我国水利水电工程施工企业积极实施走出去战略，海外市场开拓业绩突出。目前，我国水利水电工程施工企业在亚洲、非洲、南美洲多个国家承建了上百个水利水电工程项目，如尼罗河上的苏丹麦洛维水电站、号称"东南亚三峡工程"的马来西亚巴贡水电站、巨型碾压混凝土坝泰国科隆泰丹水利工程、位居非洲第一水利枢纽工程的埃塞俄比亚泰克泽水电站等，"中国水电"的品牌价值已被全球业内所认可。

《水利水电工程施工技术全书》对我国水利水电施工技术进行了全面阐述。特别是在众多国内外大型水利水电工程成功建设后，我国水利水电工程施工人员创造出一大批新技术、新工法、新经验，对这些内容及时总结并公开出版，与全体水利水电工作者分享，这不仅能促进我国水利水电行业的快速发展，提高水利水电工程施工质量，保障施工安全，规范水利水电施工行业发展，而且有助于我国水利水电行业走进更多国际市场，展示我国水利水电行业的国际形象和实力，提高我国水利水电行业在国际上的影响力。

该全书的出版不仅能提高水利水电工程施工的技术水平，而且有助于提高我国水利水电行业在国内、国际上的影响力，我在此向广大水利水电工程建设者、工程技术人员、勘测设计人员和在校的水利水电专业师生推荐此书。

孙浩水

2015 年 4 月 8 日

序 二

《水利水电工程施工技术全书》作为我国水利水电工程技术综合性大型工具书之一，与广大读者见面了！

这是一套非常好的工具书，它也是在《水利水电工程施工手册》基础上的传承、修订和创新。集中介绍了进入 21 世纪以来我国在水利水电施工领域从施工地基与基础工程、土石方工程、混凝土工程、金属结构制作与机电安装工程、施工导（截）流与度汛工程等方面采用的各类创新技术，如信息化技术的运用：在施工过程模拟仿真技术、混凝土温控防裂技术与工艺智能化等关键技术中，应用了数字信息技术、施工仿真技术和云计算技术，实现工程施工全过程实时监控，使现代信息技术与传统筑坝施工技术相结合，提高了混凝土施工质量，简化了施工工艺，降低了施工成本，达到了混凝土坝快速施工的目的；再如碾压混凝土技术在国内大规模运用：节省了水泥，降低了能耗，简化了施工工艺，降低了工程造价和成本；还有，在科研、勘察设计和施工一体化方面，数字化设计研究面向设计施工一体化的三维施工总布置、水工结构、钢筋配置、金属结构设计技术，推广复杂结构三维技施设计技术和前期项目三维枢纽设计技术，形成建筑工程信息模型的协同设计能力，推进建筑工程三维数字化设计移交标准工程化应用，也有了长足的进步。因此，在当前形势下，编撰出一部新的水利水电施工技术大型工具书非常必要和及时。

随着水利水电工程施工技术的不断推进，必然会给水利水电施工带来新的发展机遇。同时，也会出现更多值得研究的新课题，相信这些都将对水利水电工程建设事业起到积极的促进作用。该全书是当今反映水利水电工程施工技术最全、最新的系列图书，体现了当前水利水电最先进的施工技术，其中多项工程实例都是曾经创造了水利水电工程的世界纪录。该全书总结的施工技术具有先进性、前瞻性，可读性强。该全书的编者们都是参加过我国大型水利水电工程的建设者，有着非常丰富的各专业施工经验。他们以高度的社会责任感和使命感、饱满的工作热情和扎实的工作作风，大力发展和创新水电科学技术，为推进我国水利水电事业又好又快地发展，做出了新的贡献！

近年来，我国水利水电工程建设快速发展，各类施工技术日臻成熟，相继建成了三峡、龙滩、水布垭等具有代表性的水电工程，又有拉西瓦、小湾、溪洛渡、锦屏、糯扎渡、向家坝等一批大型、特大型水电工程，在施工过程中总结和积累了大量新的施工技术，尤其是混凝土温控防裂的施工方法在三峡水利枢纽工程的成功应用，高寒地区高拱坝冬季施工综合技术在拉西瓦等多座水电站工程中的应用……其中的多项施工技术获得过国家发明专利，达到了国际领先水平，为今后水利水电工程施工提供了参考与借鉴。

目前，我国水利水电工程施工技术已经走在了世界的前列，该全书的出版，是对我国水利水电工程建设领域的一大贡献，为后续在水利水电开发，例如金沙江上游、长江上游、通天河、黄河上游的水电开发、南水北调西线工程等建设提供借鉴。该全书可作为工具书，为广大工程建设者们提供一个完整的水利水电工程施工理论体系及工程实例，对今后水利水电工程建设具有指导、传承和促进发展的显著作用。

《水利水电工程施工技术全书》的编撰、出版是一项浩繁辛苦的工作，也是一个具有创造性的劳动过程，凝聚了几百位编、审人员近 5 年的辛勤劳动，克服了各种困难。值此该全书出版之际，谨向所有为该全书的编撰给予关心、支持以及为此付出了辛勤劳动的领导、专家和同志们表示衷心的感谢！

2015 年 4 月 18 日

前　言

　　由全国水利水电施工技术信息网组织编写的《水利水电工程施工技术全书》第五卷《施工导（截）流与度汛工程》共分为五册，《截流模型试验》为第五册，由中国葛洲坝集团有限公司编撰。

　　在水利水电工程建设中，河道截流常被作为关键目标和重要里程碑，截流方法可以归纳为戗堤截流法、瞬时截流法、无戗堤截流法等，但是不管采用哪种方法，在截流过程中都会碰到各种难题，例如合龙受阻、分流建筑物（渠、洞、管）的施工困难等。截流模型试验对截流过程中的技术难题具有预见性，通过试验对截流的战术准备工作，起到校验、修正、完善截流设计和指导施工的作用。通常水利水电工程或大型河川工程建设，都要进行截流模型试验，这是由于运用物理模型试验正好能够有效解决截流施工水力学的边界条件所引起的水力参数特别复杂，难以用数值计算获得可靠成果，以作为指导施工依据的问题。因此，截流模型试验在整个工程建设导（截）流过程中具有重要的地位。

　　本书共分为5章。主要从截流模型综述、模型设计（包括相似准则）、模型制作与安装、模型试验等方面进行了描述。最后一章为截流模型试验工程实例。

　　在本书的编写过程中，得到了相关各方的大力支持和密切配合。在此向关心、支持、帮助本书出版的专家及工作人员表示衷心的感谢。

　　由于我们水平有限，不足之处在所难免，热切期望广大读者提出宝贵意见和建议。

作者

2019 年 4 月 30 日

目　录

1 综　　述

1.1　模型试验概述

水工模型试验是提高工程设计水平、指导施工顺利进展、保证工程安全运行并正常发挥效益的有力工具和方法，其基本任务是将要研究的水流运动现象，根据流体相似理论，按比尺缩小制成模型并对其各种水力特性进行研究，预演原型可能发生的实际流动状态，并在模型中进行各建筑物不同布置的比较和修改，选择优化方案。

水工模型试验具有悠久的历史。早在18世纪初，欧美诸国已建成许多水工实验室，从事水工、河工、港工水力机械等方面的缩尺模型试验，效益显著。我国于20世纪30年代初期，先在德国进行黄河治导工程模型试验，同时开始酝酿和筹建我国的水工试验厅，引进西方水工模型试验技术。自1933年在天津成立全国第一个水工实验所起，截至21世纪初，全国可以进行水工模型试验研究的单位已多达40余个。

水工模型试验有常规模型试验及各种专题模型试验，主要包括：水利枢纽整体模型试验、泄水建筑物及消能工模型试验、水流空化及掺气减蚀模型试验、水电站相关模型试验、水工建筑物水流压力脉动和激流振动模型试验、施工截流及导流模型试验、溃坝模型试验、船闸水力学模型试验、地下水渗流模型试验等。

系统意义上的截流模型试验通常包含河工模型试验、导流模型试验和截流模型试验3大部分。截流模型试验是以河工模型试验为前提，并在河工模型试验的基础上制作和安装的，通常与导流模型试验结合在一起。

截流模型试验属于水工专题模型试验，大中型水利工程的河道截流，大多都进行必要的水力学模型试验，这是由于截流存在诸多影响因素、复杂的动态变化的水流边界、龙口的三维水力特性与大尺度紊动，以及抛投料与水的二相关系等，难以通过理论计算表述和定量，计算参数和常数系数也多是通过试验取得的。截流模型试验对截流过程中的技术困难问题有预见性，通过加强截流的战术准备工作，可以起到校验、修正、完善截流设计、指导施工的作用，对确保截流成功具有重要意义。

截流模型试验主要研究截流过程中龙口的水力条件与分流建筑物的水力条件，如流量分配、上下游水位及流态变化等，以便了解截流难度，及时修正龙口填筑过程、分流建筑物进出口高程、过水断面尺寸等，为截流施工提供科学依据。根据不同截流方法，截流模型试验的研究内容有一定的差异，具体包括：截流戗堤轴线位置、龙口位置及龙口宽度；截流期分流条件，分流建筑物上游水位、流量关系；戗堤预进占程序、抛投材料分区、裹头形式及抛投强度；龙口以及平堵时戗堤的流速、流量、水位落差等水力要素；抛投材料稳定与流失，河床覆盖层的冲刷情况；护底或垫底情况；通航水流条件；单向进占时水流对对岸裹头冲刷和裹头的稳定情况；戗堤堤头坍塌、跟踪截流等专项试验；采用双戗堤或多戗堤截流时，戗堤的合理间距以及戗堤交替进占程序等。

根据截流模型试验的研究成果，可以评价分流建筑物的分流能力；提出抛投进占方式和抛投强度；推荐戗堤轴线位置；建议进占过程，推荐龙口位置、龙口宽度；分析不同截流方式和截流过程的龙口水力参数变化规律，指出截流最困难区段和应采取的工程措施；提出戗堤分区备料的抛投料类型、粒径、数量；研究龙口护底的必要性及方案；总结戗堤边坡坍塌规律；论证双戗堤或多戗堤轴线间距的合理性以及戗堤之间的协调进占程序；分析截流材料的流失量，指导截流备料；建议通航水域和限制的通航条件。

自 1930 年 C·B·伊兹巴斯第一次在戈尔瓦河实施截流的模型试验开始，截流模型试验逐步受到各国水利施工界的重视，并得到了广泛应用。国外多在现场进行试验，国内过去多以室内试验为主，20 世纪 90 年代起也开始进行现场试验。目前，截流模型试验已在水利水电工程建设中广泛运用，例如三峡水利枢纽工程导流明渠截流模型试验、二滩水电站河床截流模型试验、深溪沟水电站截流模型试验、大岗山水电站截流模型试验、飞来峡水电站截流模型试验等，模型试验研究以完成工程导截流预期目标、解决施工导截流重大技术问题为基本目的，利用先进的试验工艺，不断提高试验效率，注重成果的科学性和创新性，为水利水电工程论证、设计和施工服务。

1.2　模型试验的内容和要求

常用的截流方法有戗堤截流法、瞬时截流法和无戗堤截流法，以戗堤截流法最为常用。戗堤截流法包括立堵、平堵和平立堵结合。立堵有单戗、双戗、多戗及宽戗；平堵有栈桥、浮桥及缆道；平立堵结合则有先立后平和先平后立两种。瞬时截流法包括定向爆破、浮运沉箱、下闸截流和预制混凝土体截流等。无戗堤截流法常见的有钢板桩格仓、木笼围堰和水力冲填等方法。根据不同的截流方法，试验研究的内容和要求有一定差异。

1.2.1　模型试验内容

（1）立堵截流整体模型试验。

1）确定分流能力。

对于一般立堵截流模型试验来说，应进行导流能力试验，确定其分流能力。

A. 提供进占过程中上游水位和流量关系曲线，试验中应考虑围堰拆除条件及出渣等实际情况的影响。

B. 观测影响分流能力的不利因素，提供改进措施和效果。

C. 提供进占过程中不同龙口宽度相应的水位、落差、单宽功率、流速关系曲线。

D. 提供进占不同区段抛投物粒径、数量、稳定断面形式等资料。

2）龙口水力要素观测。

A. 龙口水力要素（落差、龙口流量、平均流速、戗堤上游挑角附近流速）随进占长度或者龙口宽度或时间的变化规律。

B. 提供最大落差、最大流速及最大戗堤上游挑角附近流速出现时的龙口宽度和整个进占合龙时间。

C. 河道主流、龙口流态（堰流形式、紊动、下游连接形式）随进占过程的变化。

D. 戗堤绕流面及其下游底部的流速分布随进占的变化规律。

E. 龙口段覆盖层冲刷情况及其对进占合龙的影响，提供可能冲刷范围和深度。

F. 护底时观测底部流速、抛料稳定和尾部的冲刷、淘刷。提供护底范围、材料、厚度、护底方法。

G. 各级流量下，观测护底对龙口上下游水位、龙口深度、水面坡降、流速及其对通航的影响。

H. 通过不同方案的对比试验，确定合理的戗堤轴线、龙口位置及宽度。

3）抛投技术及辅助措施。

A. 通过试验，拟订各进占阶段较有利的抛投技术、抛投强度和相应措施。

B. 根据进占各阶段的截流难度，提供相应的抛投料形式、尺寸、重量、级配和数量，以及配合使用的方式。

C. 不同截流方案中，提供抛石尺寸沿龙口宽度的分区图，提供戗堤高程和横断面尺寸以及总的抛投量和流失情况。

D. 提出降低截流难度的辅助措施及效果，如在龙口上游段设置挑流丁坝，在困难度最大处设置拦石栅（坝）和多戗堤分散落差，宽戗堤增加抛投前沿的摩阻，透水戗堤减少龙口流量。

E. 研究各种形式的人工抛投料（混凝土块体、钢筋笼、铅丝笼、块石串等）的作用，必要时可用预制大型混凝土块体。

（2）平堵截流整体模型试验。对于平堵截流模型试验来说，主要试验观测内容包括：龙口流量、分流流量、戗堤轴线断面过水宽度、水流流态、戗堤上的流速、戗堤的上游和下游水位、分流点与汇流点水位、截流抛投材料流失量等。

1）确定分流能力。对于平堵截流模型试验来说，也需进行分流能力试验，其试验内容和要求同立堵截流基本相同。

2）龙口水力观测要素。

A. 龙口水力要素随抛投时间或者戗堤升高过程的变化规律，观测内容和要求与立堵基本相同，必要时可增加戗堤渗透量的观测。

B. 河道流量，龙口流态以及戗堤下游水面衔接形式等随戗堤升高的变化规律，提供平堵截流龙口水位、落差的 3 个特征值：临界、出水和最终的落差的数值。

C. 不同阶段沿戗堤溢流面及其下游底部的流速分布规律。

D. 戗堤下游覆盖层的冲刷情况及其对戗堤稳定的影响。

E. 龙口上游流速、水面跌落、水流对栈桥基础的冲刷，或水流对浮桥的作用，并提供防护措施。

F. 通过对比试验，确定戗堤轴线、龙口位置及宽度。

3）抛投技术及辅助措施。

A. 根据截流过程龙口水力条件的变化规律，提供各阶段有利于抛投料稳定的技术措施和方法。

B. 根据各阶段的抛石及人工抛投料的形式、尺寸、重量和数量，提供戗堤最终断面尺寸和流失数量。

C. 研究设置拦石栅或拦石坎的可能性及其效果。

D. 护底方式及其效果。

E. 其他有利于分散龙口流量和落差的不同方案及其效果。

（3）单戗堤立堵截流整体模型试验。

1）通过试验比较选择最佳的截流戗堤位置、龙口位置及龙口宽度。

2）在不同的分流条件（由于上、下游围堰拆除不彻底而留下不同岩埂高度）下，观测分流建筑物上游水位与分流流量的关系。

3）观测不同戗堤预进占程序、抛投材料分区、裹头形式及抛投强度对截流的影响。

4）预进占情况下的度汛水力条件、通航水流条件。

5）观测戗堤上下游落差、龙口流量、流速、水深、水面宽等龙口水力要素随龙口宽度的变化过程及变化规律。

6）龙口护底或垫底的结构型式。

7）截流抛投材料种类及分区、抛投强度、戗堤稳定及抛投料流失情况。

8）观测戗堤进占过程中河床覆盖层的冲刷情况。

9）单向进占时水流对对岸裹头冲刷和裹头稳定的情况。

10）戗堤堤头坍塌、跟踪截流等专项试验。

（4）双戗堤或多戗堤立堵截流整体模型试验。对于双戗堤或多戗堤立堵截流整体模型试验，除应研究单戗堤所列的试验内容外，还应研究戗堤之间的间距、各戗堤分担落差比例的合理性以及戗堤交替进占程序、上下游戗堤配合试验等。

（5）截流局部模型试验。截流局部模型试验通常是配合截流整体模型试验，进行不同抛投材料粒径与水流流速的关系试验和抛投块石稳定措施试验，为分析块体的稳定性提供参考依据。

（6）截流断面模型试验。宜根据需要确定，通常进行不同抛投材料粒径与抗冲流速的关系试验。

1.2.2 模型试验基本要求

（1）河道有冲刷观测要求时，局部动床模型试验可结合定床模型开展试验研究，以提高试验效率。动床模型试验充水过程中，不得扰动模拟铺沙地形。

在放水试验前，首先根据提供的河床地形资料进行动床地形模拟，然后采取模型尾部缓慢充水的方式，逐渐放水浸泡模型，直到抬高至下游控制水位，以不影响动床试验成果为原则。

（2）在立堵截流整体模型试验过程中，在戗堤进占至一定长度时，同时（或同步）观测龙口截流流量、龙口过水宽度、龙口断面形状、流态、龙口及戗堤首部流速、戗堤的上游和下游水位、导流工程进口前水位计导流流量、截流抛投料流失量等各项水力参数及相关数据，并详细记录。在龙口水力要素观测过程中，应重点关注以下几个方面。

1）戗堤轴线附近的地质条件（有无深潭、覆盖层厚度、河床糙率等）是否有利于进占、护底和节省工程量。

2）龙口位置是否有利于发挥其他辅助性截流措施的作用，是否能满足通航要求。

3）河道主流在进占过程中是否容易较快地引向导流建筑物，以降低进占难度。

4）河道上下游出渣是否会对截流进占有影响。

（3）立堵截流整体模型试验还要研究可能出现的不利因素对进占的影响，如进占过程中突然来洪水、围堰拆除不彻底以及戗堤上下游边坡的坍塌等，以提供预防措施。此外，要研究其他有利于分散龙口流量和落差的不同方案及其效果，以及可能出现的不利因素对进占的影响，必要时还可进行下列试验。

1）研究新的截流方案和措施，提出对比方案。

2）对截流过程可能发生的意外情况进行模拟试验。

3）跟踪试验。根据现场发生或可能发生的情况，通过试验调整施工进占程序，或提出对不利情况的对策措施，用以指导施工。

4）原型对比试验。结合原型观测资料，检验模型试验的相似性和原始资料的准确性，总结经验教训。

（4）对于平堵截流整体模型试验，一般有全河道断面同时抛投截流试验，也有河滩地先堆筑戗堤的预留龙口截流（通常称为立平堵截流）试验，并有定床（含护床或护底）和动床情况的不同抛投强度的比较试验。但对于一个具体工程的截流，则根据工程需要来确定相应的试验内容与要求。

在试验过程中，注意在整个河道或龙口宽度内均匀抛投堆筑（或称围堰、戗堤），当堆筑体达一定高度时，同时量测抛投堆筑体的高度和各水力要素：截流流量、过水宽度、流态、堆筑体上的流速、堆筑体的上游和下游水位、导流工程进口水位计导流流量、截流抛投料流失量等资料，并记录书写清楚，为资料整理分析提供准确可靠的依据。

（5）单戗堤立堵截流整体模型试验。

1）如果在汛前实施截流预进占，要充分考虑度汛要求。

2）在有满足通航要求的河道上截流，观测施工进占程序对通航水流条件的影响，确定各进占时段应控制的口门宽度和封航的龙口宽度。

3）对需要采取护底或垫底措施的截流方案，通过试验比选其结构型式（含范围、高程及材料类型、尺寸），测定其施工期的水力条件。为控制护底质量，在护底前和完工后进行水下地形观测。

4）当采用单向进占方式时，观测龙口水流条件对对岸裹头冲刷情况，确定裹头的稳定情况，采取适宜的防冲保护措施。

5）在深水中截流时，应进行戗堤堤头坍塌专项试验，观测堤头坍塌部位、规模、频率等情况。由于施工及汛期水流的影响，河道地形、覆盖层等会不断发生变化，因此，对大型或重要工程的河道截流，常常需要进行跟踪试验，提前进行预测预报，便于工程实施。

1.3 截流模型试验技术进展

经过近百年的理论研究与水利水电工程实践，目前已经形成了一套较为完善的施工截流理论、技术及试验体系，较好地解决了水利水电工程建设中的实际问题。截流模型试验已成为解决工程截流技术难题的重要手段，研究方式已从单一的物理模型试验转向以数学模型、物理模型及原型观测等多种方式相结合的交叉综合研究，取得了一大批研究成果，并在工程中得到了检验和验证。

（1）理论成果不断涌现。关于相似现象的描述，早在1686年牛顿（I. Newton）的著作中已有阐述。但直到1848年，别尔特兰（J. Bertrand）才首先确定了相似现象的基本性质，并提出尺度分析的方法。1872年左右，弗劳德（W. Froude）进行船舶模型试验，提出了著名的弗劳德数，奠定了重力相似律的基础。1882年，J·B·傅里叶提出了物理方程必须是齐次的。1885年，雷诺（O. Reyonld）第一个应用弗劳德数进行摩塞（Mersey）河模型试验，研究潮汐河口的水流现象。1886年，费弄-哈哥特（Veron - Harcourt）又进行了莱茵河口模型试验。1898年，恩格思（H. Engels）在德国首创河工实验室，从事天然河流的模型试验。不久，费礼门（J. R. Freeman）创设美国标准局水工实验室，从事水工建筑物的模型试验。此后，欧美各国水工实验室的兴建蔚然成风。

在理论研究方面，普朗德（L. Prandtl）、泰勒（G. I. Taylor）和卡门（T. V. Karman）等人均有很大的成就，尤以紊流及边界层的研究著称。此外，爱斯纳（F. Eisner）、巴普洛夫斯基、基尔皮契夫和尼古拉兹等人，在相似理论和实验技术方面都做出了贡献。

（2）试验成果广泛应用。1930年，C·B·伊兹巴斯第一次为戈尔河做了截流模型试验，接着又在菲克河、杜罗门河成功地进行了抛石筑坝，之后截流模型试验一直发展至今。

我国进行水工与河工模型试验，始于1933年的天津第一个水工试验所，随后，1934年建成了清华大学的水工试验馆，1935年在南京年筹建了南京中央水工实验所（南京水利科学研究院），当年即开展了"导淮入海水道杨庄活动坝模型试验"研究。

1949年以后，随着水利水电建设事业的发展，在中国各大科研院所、流域机构、水利水电勘测设计院、高等院校都相继建立了水工试验室。1951年，长江水利委员会创建了以水利水电科学研究为主的长江科学院。自20世纪50年代起，先后为长江三峡、南水北调、长江堤防等200余项大、中型水利水电工程建设等开展了大量卓有成效的科学试验研究。例如，葛洲坝水利枢纽大江截流进行的比例尺为1∶100整体模型、1∶60的局部模型、1∶60断面模型和1∶60的整体定、动床模型试验，对二江分流导渠布置、截流方案、截流方式、截流水力要素、龙口护底和立堵截流的安全后备措施等进行优化和系统的对比试验，为顺利实现截流起到十分重要的指导作用。

1958年，三门峡工程局为了预见施工截流时可能发生的施工技术问题，委托西安交通大学水利系进行了水工模型试验，研究神门河及神门岛泄流道的截流方法。

2003年12月，水资源与水电工程科学国家重点实验室依托于武汉大学建设，2006年10月通过我国科学技术部验收，其下属的水工结构和施工仿真研究室曾为长江流域及西南诸多水电站做过截流模型试验，取得了良好的效果。

随着截流模型试验的不断发展，根据水电工程施工截流的重要性，我国对糯扎渡、汉江蜀河、龙滩、小湾、向家坝、瀑布沟、铜街子、金安桥、深溪沟、河口、黄登、锦屏、观音岩、官地、苗尾等水电站均进行了截流水力学模型试验，验证了水电站设计的截流设计方案，分流建筑物的布置等，为截流施工方案的决策和施工组织实施提供了依据。

（3）测试技术快速更新。近几十年来，新的测试技术以及计算机在计算、自动控制数据采集和处理方面的应用发展很快，进一步丰富了实验水力学的内容，同时，试验的效率和精准度得到了很大地提高。

近年来，具有高分辨率、高精度的流体量测仪器，如激光流速仪、动态粒子成像测速仪（PIV）、动态信号分析仪等被逐步引入到模型试验当中。此外，在截流模型试验中还引入了全流场跟踪监测系统（VDMS）技术。VDMS 是运用数字摄像与粒子跟踪测速技术研发的表面流场大范围同步测速与监测系统，该系统已被应用于水工模型、河工模型、港工模型及水槽试验中。该系统由硬件和软件两部分组成，硬件部分包括一个或多个CCD 摄像机、视频传输线、视频分配器、视频采集卡及 1 台或多台配备了流场实时测量系统的计算机；软件在微软的 Windows 环境下运行。采用 VDMS 监测流场流态及表面流速分布，形象直观，可实现对截流试验控制性参数的模拟和全流场跟踪监测。

（4）试验标准逐步健全。1989 年 6 月，能源部和水利部发布了《水利水电工程施工组织设计规范（试行）》（SDJ 338—89），规定了施工截流设计的原则，如截流时段、截流标准、截流方式选择、戗堤轴线位置、龙口宽度及位置、龙口段易冲刷河床的护底、截流材料的选择等，同时规定重要截流工程的截流设计应通过水工模型试验验证，并提出截流期间的观测设施。

1995 年，水利部出台了《施工截流模型试验规程》（SL 163.2—95），该规程包括总则、相似准则、试验设备和量测仪器、模型设计、模型制作与安装、试验内容与方法、资料整理与分析、报告编写等 8 章。

2004 年，水利部对前能源部和水利部发布的 SDJ 338—89 进行修订，出台了《水利水电工程施工组织设计规范》（SL 303—2004），进一步规定：重要或难度较大的截流工程的设计，应通过水工模型试验验证并提出截流期间相应的观测设施。目的是为了统一截流模型试验研究方法和技术要求，提高试验研究成果的科学性、准确性和可靠性。

2006 年，国家发展和改革委员会制订了电力行业标准《水电水利工程施工导截流模型试验规程》（DL/T 5361—2006），包括范围、规范性引用文件、总则、施工导流模型试验、河道截流模型试验等 5 部分内容。规定了水电水利工程施工导截流模型试验的基本要求，适用于大、中型水电水利工程施工导截流模型试验。总则规定施工导截流模型试验研究应以完成预定的工程试验任务、解决具体工程技术问题为基本目的，注重科学性和创新性。在试验中宜利用计算机技术，开发施工导截流模型试验处理软件，以提高试验效率、减小误差。

2010 年，水利部对 1995 年的 SL 163 规程进行整合并制订了《水利水电工程施工导流和截流模型试验规程》（SL 163—2010），规程替代原标准《施工导流模型试验规程》（SL 163.1）和《施工截流模型试验规程》（SL 163.2），包括总则、基本规定、相似准则、试验设备与量测仪器、模型设计、模型制作安装与检验、施工导流模型试验、施工截流模型试验等，指出标准适用于水利水电工程施工导流和截流实体模型试验研究。有条件的情况下可同步开展数值模拟研究，加快试验研究进程，提高成果的可靠性。

（5）数学模型异军突起。物理模型试验可以根据实测资料，以一定的比尺较直观地模拟实际过程，但不足之处是其耗资较大、历时较长等，而且有时会受到比尺效应的影响而不能真实地反映客观实际，即存在模型与原型的相似性问题。相比之下，数学模型具有花费少、适应性强、能提供详细的分布场资料、便于方案比较等优点。例如，清华大学水沙科学与水利水电工程国家重点实验室以三峡水利枢纽工程大江截流为载体，开展的数学模型建模、求解，从而进行截流过程中的坍塌预测并用于工程施工，确保了截流在深水条件下安全地完成。

随着现代技术特别是计算机技术的发展，流体力学及计算流体力学的发展，使数学模拟施工截流成为可能，人们在截流试验研究中引入计算机技术进行了计算分析工作的尝试，开发了施工截流模型试验处理软件，提高试验效率，减小误差。例如，由武汉大学水资源与水电工程科学国家重点实验室研制开发的"水工模型地形断面绘制自动化系统"软件，用 Visual Basic 进行 AutoCAD 二次开发，由此设计出的程序具有界面良好、数学运算功能强大、程序运行效率高的优点。

计算机图像处理技术的发展促使流体力学向可视化方向发展，人们越来越重视利用计算机仿真技术模拟水流过程，运用数值手段预测各种复杂的水流现象及流场的内部结构。可视化辅助设计（VCAD）和三维设计在截流模型中起到重要作用。三维可视化仿真技术能够用适当的图形或图像显示数据场中各类物理量的分布情况，能够对场景进行交互操作，通过更改观测角度、观测层次等，使分析者随时对关注的部分进行深入分析。

随着计算机可视化技术和计算机三维图形、图像技术的应用进入实用化阶段及以多媒体为代表的集声音、图像、文字为一体的新一代计算机技术在各个领域的大幅度运用，在水利水电工程截流施工中已开发研制三维仿真模型。该模型将施工截流的水力计算与计算机图像技术结合起来，使水利水电工程的截流全过程可视化并可在施工的任何阶段对全施工区域进行动画漫游，使人们在施工之前能够迅速、直观、精确地观看所采取的工程措施及其产生的效果，可对不同的施工方案进行比较、研究，为截流的正确决策提供了强有力的支撑。

2 截 流 模 型 设 计

2.1 设计原则

通常，水利水电工程截流模型的设计需遵循以下基本原则或要求。

（1）施工截流模型应为正态模型，其类型应根据试验技术要求确定。

（2）模型比尺的选定，应综合考虑试验任务要求、工程规模、河道特性、河床地形、地质条件、截流流量、水力参数、建筑物糙率、试验量测精度要求和实验条件等因素。

（3）施工截流模型还应考虑河床覆盖层特点、抛投料物粒径等因素。

（4）在截取河道地形范围时，应保证河道及坝区永久或导（分）流建筑物附近主流位置、流速分布、特殊流态等相似。

（5）模型流量控制可采用量水堰或电磁流量计，宜靠近模型首部部位设置，出流应均匀、稳定。

（6）量水首部与模型进口之间应设置合理的过渡区，以保证水流平稳进入模型。

（7）模型出口处的尾门尺寸应满足过流能力要求，应根据尾门形式，合理确定尾水位的控制位置。

（8）当河道不易冲刷且覆盖层不厚时，截流模型可按定床设计；当河道易冲刷或覆盖层较厚时，截流河段应设计成动床，动床范围原则上应满足重点部位的冲淤平衡，且应包括龙口河段、分流建筑物出口段。模拟动床材料可按河床质启动流速相似或覆盖层粒径级配相似的原则进行。

（9）在导流建筑物的过流面出现高速水流时，应设置必要的测压孔。

（10）对改为永久泄洪洞的导流隧洞应兼顾出口消能工的布置与要求。

（11）施工期有通航、筏运、排漂、排冰要求时应进行专项试验研究。

2.2 设计的相似性要求

为实现通过对模型的观测与试验，在工程设计时精确地设定系统的性能，要求试验室条件下的模拟尽可能地接近实际工程情况，因此要求模型与原型间满足某种关系。这种关系即模型的设计条件，或系统的相似性要求。

截流模型试验的研究对象通常是非常复杂的物理力学现象，由于影响因素错综复杂，作用于流体及各类建筑物上的力是多种多样的，如重力、阻力、压力、表面张力、弹性力等。按照相似原理，模型要与原型保持力的作用相似，这些力均应保持同一比尺，确定出各种各样的相似准数，作为模型设计的依据。但是，同时满足所有的相似准数要求是不可能做到的。也就是说，要求所有的力同时保持相似的比例关系是很困难的。需要根据不同的试验目的和要求，分清起主导作用的是哪一种力，而哪些力的作用是处于次要地位的、可以忽略的。然后根据对该体系起主导作用的力来确定其相似条件。

经典力学范畴内的力学现象最一般的规律是牛顿第二定律，由此通过相似变换得到牛顿相似准数 N_e。如果两个几何相似体系运动规律也相似，它们的牛顿相似准数应相等。换言之，如果两个几何体系的牛顿相似准数相等，那么它们的运动规律是相似的，这就是牛顿相似准则，或称牛顿相似律。

牛顿相似律是判别两个运动现象运动规律相似的普遍定律，对作用于某一运动体系上任何不同性质的动力都是普遍适用的。因此，截流模型试验也应当首先满足牛顿相似律的要求。根据相似定义的要求，同名物理量要保持固定的比数，可将截流模型中最常见的几种作用力与牛顿相似律中的惯性力作比较，推导出模型试验中几种常见的相似准则。

（1）重力相似准则。若研究目的是了解以重力作用为主的运动现象，则应满足重力相似。

运动体系在重力作用下，由 $F_g = Mg = \rho V g$ 可得重力比尺为：

$$\lambda_{F_g} = \lambda_\rho \lambda_g \lambda_l^3 \qquad (2-1)$$

式中　　F_g——重力；

　　　　M——质量；

　　　　g——重力加速度；

　　　　ρ——密度；

　　　　V——体积；

　　λ_{F_g}——重力比尺，原型重力比模型重力；

　　　λ_ρ——密度比尺；

　　　λ_g——重力加速度比尺；

　　　λ_l——长度比尺。

惯性力比尺为：

$$\lambda_{F_l} = \lambda_\rho \lambda_l^2 \lambda_u^2 \qquad (2-2)$$

根据动力相似条件，惯性力比尺和重力比尺应相等，于是有：

$$\lambda_\rho \lambda_g \lambda_l^3 = \lambda_\rho \lambda_l^2 \lambda_u^2 \qquad (2-3)$$

整理后得：

$$\frac{\lambda_u^2}{\lambda_g \lambda_l} = 1 \qquad (2-4)$$

或

$$\frac{u^2}{gl} = idem \qquad (2-5)$$

式（2-5）可改写为：

$$\left(\frac{u^2}{gl}\right)_p = \left(\frac{u^2}{gl}\right)_m = Fr \qquad (2-6)$$

式中　Fr——重力相似准数，或称弗劳德数（Froude）。

在原型和模型之间，要满足重力作用下动力相似，它们的弗劳德数应相等。换言之，若原型和模型中的弗劳德数相等，则所研究的模型必满足重力作用下的动力相似，这就是重力相似准则或弗劳德相似准则。由于惯性力和重力都是决定水流运动最重要的力，因此这个相似律也是截流模型试验中最重要的相似律。如波浪、水流的运动机理及它们与水工建筑物作用等的试验研究都是根据重力相似准则来设计模型的。

通常，原型和模型都是处在同一重力场中，故它们的重力加速度相同，即 $\lambda_g = 1$，这样可得重力相似情况下的其他比尺为：

速度比尺　　　　　　　　　　　　$\lambda_u = \lambda_l^{\frac{1}{2}}$　　　　　　　　　　　（2-7）

时间比尺　　　　　　　　　　　　$\lambda_t = \lambda_l^{1/2}$　　　　　　　　　　　（2-8）

通常模型采用与原型相同的流体，则有 $\lambda_v = 1$，这时力和质量的比尺是相同的，即：

$$\lambda_F = \lambda_M = \lambda_l^3 \tag{2-9}$$

（2）阻力相似准则。

1）内摩擦力相似准则（雷诺相似准则）。雷诺试验揭示了流体运动存在两种不同的流动型态，即层流与紊流，这两种流态最主要的区别在于紊流时各流层之间液体质点有不断的相互混掺作用，而层流则没有，因而其具有完全不同的阻力规律，不论是有压管流还是无压的明渠流动均是如此。

若试验研究的目的是了解黏滞力（流体内摩擦力）起主要作用的运动现象，则应保持原型和模型间的黏滞力相似。

根据牛顿内摩擦定律，单位面积上的黏滞力 τ 与流线的法线方向的速度梯度成正比：

$$\tau = \mu \frac{\mathrm{d}u}{\mathrm{d}n} \tag{2-10}$$

$$\mu = \rho v$$

式中　μ——动力黏滞系数；

　　　v——运动黏滞系数；

　　　ρ——密度。

相邻两流层间面积 A 上的黏滞力为：

$$F_\mu = \tau A = \mu A \frac{\mathrm{d}u}{\mathrm{d}n} \tag{2-11}$$

可得黏滞力比尺为：

$$\lambda_{F_\mu} = \lambda_\mu \lambda_l \lambda_a = \lambda_\rho \lambda_v \lambda_l \lambda_u \tag{2-12}$$

要使黏滞力作用下的模型与原型相似，同时满足牛顿相似律，也就是应使黏滞力比尺与惯性力比尺相等，即：

$$\lambda_\rho \lambda_v \lambda_l \lambda_u = \lambda_\rho \lambda_l^2 \lambda_u^2 \tag{2-13}$$

即：　　　　　　　　　　　　　　$\dfrac{\lambda_u \lambda_l}{\lambda_v} = 1$　　　　　　　　　　　（2-14）

或　　　　　　　　　　　　　　　$\dfrac{ul}{v} = idem = Re$　　　　　　　　　　　（2-15）

式 (2-15) 可改写为：

$$\left(\frac{ul}{v}\right)_p = \left(\frac{ul}{v}\right)_m = Re \tag{2-16}$$

式中 Re——黏滞力相似准数，或称雷诺数 (Reynolds)。

式 (2-16) 表明，在模型和原型之间，要满足黏滞力作用下获得动力相似，则它们的雷诺数应保持同一常数。换言之，如果原型和模型中的雷诺数相等，则它们必然是在黏滞力作用下动力相似，即构成雷诺相似。若研究有压管道、压力隧道、船闸输水系统等管流现象，由于其阻力损失主要由黏滞力产生，此时重力不是主要因素，因此雷诺相似准则是主要的相似准则。而对于一般的水工与河工模型，这一相似律并不要求严格满足，只要保证模型与原型是同一流态即可。

由雷诺数可知，若模型采用与原型相同的流体，试验时温度与原型也一致，则 $\lambda_\rho = \lambda_v = 1$，于是 $\lambda_u \lambda_l = 1$。由此可得到其他比尺：

速度比尺 $$\lambda_u = \frac{1}{\lambda_l} \tag{2-17}$$

时间比尺 $$\lambda_t = \lambda_l^2 \tag{2-18}$$

力的比尺 $$\lambda_F = \lambda_\mu \lambda_t \lambda_u = 1 \tag{2-19}$$

2) 紊动相似准则（紊流阻力相似准则）。通过分析水流微分方程，得到了反映水流紊动相似的相似准则，即两流动体系脉动流速 u' 与时均流速 u 之比的平方保持相等，并等于一常数：

$$\frac{u'^2}{u^2} = idem \tag{2-20}$$

该相似准则实质上反映的是紊流阻力的相似，由于脉动流速的因素在实际操作中较难处理，因此不能直接用式 (2-20) 作为相似准则来指导模型设计，只能从问题的实质出发，即利用水力学中紊流阻力规律的研究成果来推求所需要的相似比尺。

若水流处于紊流的水力粗糙区，即此时紊流阻力为主要作用力，黏滞力比因紊动作用而引起的紊流阻力要小得多，可略去不计。由水力学原理可知，此时沿程水头损失与平均流速的平方成正比，所以又称紊流的阻力平方区。实际上，管流和明渠水流多为紊流。

对明渠流，当模型水流肯定处于阻力平方区时，可采用水力学中计算明渠均匀流沿程阻力的公式，即谢才公式：

$$u = C\sqrt{RJ} \tag{2-21}$$

式中 C——谢才系数；

R——断面水力半径；

J——水力坡度。

由 $C = \sqrt{\dfrac{8g}{f}}$、$\lambda_f = 1$，即：

$$C_p = C_m = idem \tag{2-22}$$

如用曼宁公式表达谢才系数，则有：

$$C = \frac{1}{n} R^{1/8} \qquad (2-23)$$

式中　n——糙率系数。

则糙率比尺为：

$$\lambda_n = \frac{\lambda_l^{1/6}}{\lambda_c} = \lambda_l^{1/8} \qquad (2-24)$$

值得注意的是，以上紊动相似准则是由一维均匀流动微分方程式及边界条件出发推导得到的，其物理量都是取断面平均值，且紊流阻力的变化规律均与雷诺数无关，这使得模型设计能够比较简便。实际上，天然河流和一般的明渠水流一般都处于阻力平方区，大多数情况下，水工与河工模型水流亦处在阻力平方区。此时紊流阻力系数只取决于边壁的相对糙率，而与雷诺数无关。显然，在紊流区内，只要使模型糙率系数满足式（2-24）的要求，即使模型与原型的雷诺数不相等，也能达到阻力系数相等，阻力相似也就自动满足，进而形成"自动换型区"。

"自动换型区"的存在给模型设计带来极大方便，在保持几何边界条件相似的基础上，可以不必追求模型和原型雷诺数完全相同，而只要使雷诺数保持在一定范围内，即达到流态相似就可以了。

（3）压力相似准则（欧拉相似准则）。如流体运动中起主导作用的力是压力，则在原型和模型之间应保持压力作用下的动力相似。

当流体处于静止状态时，其压强由重力引起，若令大气压力 $P_0 = 0$，则作用在面积 A 上的压力为：

$$F_p = pA \qquad (2-25)$$

式中　F_p——压力；

　　　p——压强；

　　　A——面积。

可得压力比尺为：

$$\lambda_{F_p} = \lambda_p \lambda_l^2 \qquad (2-26)$$

为达到动力相似，应满足牛顿相似定律，则有：

$$\lambda_p \lambda_l^2 = \lambda_\rho \lambda_t^2 \lambda_u^2 \qquad (2-27)$$

简化后得：

$$\frac{\lambda_p}{\lambda_\rho \lambda_u^2} = 1 \qquad (2-28)$$

或

$$\left(\frac{p}{\rho u^2}\right)_p = \left(\frac{p}{\rho u^2}\right)_m = idem = Eu \qquad (2-29)$$

式中　Eu——压力相似准数，也称为欧拉数（Euler）。

当原型和模型间满足以压力为主的动力相似时，则它们之间的欧拉数必须相等。换言之，若原型和模型之间的欧拉数相等，则表示原型和模型间具有压力作用下的动力相似，这就是压力相似准则或欧拉准则。在有动力外荷载时，则要满足欧拉相似准则。

与阻力相似准则类似，在几何边界条件相似的基础上，对层流和紊流阻力平方区的自动模型区，可得到流速场分布的相似，则压力场也能相似，也就是说此时欧拉相似准则自动满足。

（4）非恒定流相似准则（斯特鲁哈相似准则）。在非恒定流动中，加速度 $\frac{\partial u}{\partial t}$ 不等于零。由这个加速度所产生的惯性力与时变加速度产生的惯性力之比可以得到非恒定流相似准则，即：

$$\frac{\lambda_u \lambda_t}{\lambda_l} = 1 \qquad (2-30)$$

或

$$\left(\frac{ut}{l}\right)_p = \left(\frac{ut}{l}\right)_m = idem = St \qquad (2-31)$$

式中　　St——力非恒定流相似准数，或称斯特鲁哈数（Strouhal），又称为时间准数。

式（2-31）表明，如果原型和模型要达到非恒定流相似，就要求斯特鲁哈数相等。换言之，若模型和原型中的斯特鲁哈数相等，就能达到非恒定流下的动力相似，这就是非恒定流相似准则，或称斯特鲁哈相似准则。只要保证水流运动相似，这一准则便能自动满足。

截流模型设计需满足的相似准则主要是重力相似准则（弗劳德相似准则）和阻力相似准则。当模型水流处于阻力平方区，压力相似准则（欧拉相似准则）可自动得到满足。截流模型设计需特别注意的是阻力相似问题，由于截流模流量小、水深浅，易于发生"阻方危机"。只有当模型的雷诺数 $Re = 1 \times 10^4 \sim 2 \times 10^5$ 时，绕流系数才能为常数，模型水流才能进入自模拟区，以满足阻力相似要求。

2.3　设计方法

模型设计的关键是确定合理的相似比尺，步骤主要包括选择模型类型、拟订模型范围、确定相似比尺、选配模型沙和抛投料模拟。

2.3.1　模型类型选择

（1）模型分类。

1）按照模拟原型的完整性分。

A. 整体模型。整体模型是指模拟研究对象整体而建立的模型，模型范围一般包括研究对象及其上下游和左右边界的一定范围。例如，当研究河道中水利枢纽工程的总体布置时，就需要将所研究的枢纽建筑物及上下游一定河段，按一定的比例缩制成模型进行试验，即为整体模型。

B. 局部模型。局部模型是指为模拟研究对象的某个局部而建立的模型。

C. 断面模型。当研究的问题可以简化为二维时，可以建立以原型断面为研究对象的模型，即断面模型。断面模型一般在水槽中进行试验，如研究泄水建筑物堰面压力分布、上下游水流衔接消能工作用及下游局部冲刷等，一般截取枢纽坝轴线的一段制成模型，安装在玻璃水槽中进行试验研究。

2）按照模型的结构特点分。

A. 定床模型。指模型地形在水流等动力条件作用下不发生变形的模型。

B. 动床模型。指模型床面铺有适当厚度的模型沙，其地形在波浪、潮流、水流等动力条件作用下发生冲淤变化的模型。如研究河床演变、水工建筑物下游局部冲刷等，需按照相似条件将模型床面做成活动河床进行研究。

动床模型根据动床的范围又分为全动床和局部动床；根据模拟原型泥沙运动情况又可分为推移质泥沙模型、悬移质泥沙模型和全沙模型。推移质泥沙模型是指模拟原型推移质（底沙）泥沙运动的模型；悬移质泥沙模型是指模拟原型悬移质（悬沙）泥沙运动的模型；全沙模型是指同时模拟原型推移质和悬移质泥沙运动的模型。

3）按照模型比尺关系分。

A. 正态模型。指将原型的长、宽、高三个方向尺度按照同一比例缩制的模型，正态模型是截流模型试验的首选。

B. 变态模型。有时因受各种条件的限制，如粗糙度、水流流态、场地条件等限制，采用垂直几何比尺与平面几何比尺不同来缩制模型，即变态模型。

（2）类型选择。选用定床模型还是动床模型，正态模型还是变态模型，若确定为动床模型后是选用推移质模型或悬移质模型还是全沙模型，是做整体动床模型还是做局部动床模型，这些都要根据具体的研究任务、重点研究内容、河道地质条件以及工程本身的要求等确定。

截流模型试验研究通常采用正态模型。这是因为截流施工场地相对集中，水流条件也没有明显特殊情况，可以解决不适宜正态模型试验的各项限制问题，以最大限度地满足模型试验相似性准则。同时，根据工程需要和试验技术要求，施工截流模型可确定为整体模型（定床或动床）、局部模型（定床或动床）和断面模型。为了尽可能满足截流施工需要，多采取整体模型。

对于截流模型试验，如果河床覆盖层较厚，截流过程中易形成截流戗堤堤脚冲坑，进而引发比河床冲淤更大的影响，需做动床模型；如覆盖层较薄，截流过程中河床变形对水流条件影响较小，则可做定床模型。对于河床较为稳定，年内冲淤变化较小的试验河段，或河床有一定变形，但对工程影响较小，或者在工程规模不大，对河床变形影响较小等情况下，可做定床模型。此外，可根据河道主要造床质确定是做推移质模型或悬移质模型还是全沙模型。一般情况下，水工建筑物不得采用变态模型。河工变态模型的变率也不宜过大，常在2～5范围内，宽深比小的河道取值小，大的河段取值大；对于河床窄深、地形复杂、水流湍急、流态紊乱等及宽深比小于6的河段，宜做正态模型。

总体来讲，河道截流模型应选择正态整体动床模型。

部分工程截流模型应用情况见表2-1。

表 2 - 1 部分工程截流模型应用情况表

序号	工程名称	国家	模型类型	模型数量	模型比尺
1	葛洲坝	中国	整体模型	2	1：60　1：100
			局部模型	1	1：60
2	三峡大江截流	中国	整体模型	2	1：80　1：100
			局部模型	2	1：40　1：20
3	三峡明渠截流	中国	整体模型	2	1：80　1：100
			局部模型	1	1：50
4	隔河岩	中国	整体模型	1	1：100
5	黄河天桥	中国	整体模型	1	1：60
6	青铜峡	中国	整体模型	1	1：80
7	三门峡	中国	整体模型	1	1：50
8	刘家峡	中国	整体模型	1	1：50
9	丹江口	中国	整体模型	1	1：80
10	白山	中国	整体模型	1	1：40
11	龙羊峡	中国	整体模型	1	1：60
12	富春江	中国	整体模型	1	1：75
13	洮河古城	中国	整体模型	1	1：50
14	麦克纳里	美国	整体模型	2	1：60　1：100
			断面模型	2	1：24　1：24
15	拜达维尔	美国	整体模型	1	1：40
16	达勒斯	美国	整体模型	1	1：40
17	铁门	南斯拉夫与罗马尼亚合建	整体模型	2	1：125　1：80
			局部模型	1	1：40
18	卡博拉巴萨	莫桑比克	整体模型	1	1：75
19	大莫加	扎伊尔	整体模型	2	1：100　1：150
20	曼格拉	巴基斯坦	整体模型	1	1：80
21	古比雪夫	苏联	整体模型	1	1：80
22	汉泰	苏联	整体模型	1	1：50
23	乌凯坝	印度	整体模型	1	1：100
24	伊泰普	巴西	整体模型	1	1：100
			断面模型	1	不详
25	热尼西亚	法国	整体模型	1	1：40
			断面模型	1	1：10

2.3.2　模拟范围确定

模型研究的范围短则几千米，长则达数百千米，主要根据研究的各方面具体情况而定。通常包括进口段、试验段、出口段三个部分。进口段和出口段可称为非试验段，该段内无试验观测任务，其主要目的是将水流平顺导入或引出试验段，其相似性要求可适当低于试验段。

确定试验段河道长度的原则总体上是包含工程建成后可能影响到水流条件的整个范围。一般在试验前不知道工程的具体影响范围，可根据已建工程或实践经验进行估计，并留有余地。

确定进口段和出口段长度的原则为保证其水流条件平顺过渡，在调整试验段时达到相似要求。进口段长度常规需要8～12m，出口段长度常规需要6～10m，当进口段为弯道时，模型应延长至弯道以上，如有重要的支流汇入，则需包括10～15m的河道地形。

在截取河道地形范围时，一般原则是包含可能影响流速、水位、冲淤变化的范围在内，应保证河道及分流建筑物附近的主流位置、流速分布、特殊流态等相似。相关具体要求如下。

（1）对于整体模型，上下游宜留有1～2倍的河宽或不小于25～50倍平均水深的非测试段长度，河道地形的模拟长度，应根据河道地形特点、导（分）流建筑物布置等因素确定，对有弯段的河段应适当延长。

（2）若涉及通航建筑物，河道地形模拟范围应按上下游引航道的要求确定。

（3）对于局部和断面模型，应兼顾模拟建筑物附近的地形，减少因边界条件的简化对水流流态带来的影响，可参照整体模型中的水流情况进行校核。

（4）对于动床模型，动床材料宜模拟覆盖层级配。动床范围应满足重点部位的冲淤平衡、具体工程的冲淤范围观测等要求。

（5）当河道截流模型与导流模型相结合时，截流模型截取的模型范围应满足最大的范围要求。

（6）模型高程应包括最高试验水位等高线，并留有适当的安全超高。

一般可参照以下经验数据选取：大坝坝轴线上游500～1000m，坝轴线下游800～1500m。视工程具体情况，可酌情增加或减少。截取范围主要应考虑坝区地形条件、工程布置等因素。当坝轴线上下游有一定距离的地形条件复杂（例如有众多岛屿、礁滩、汊河）、导流泄水建筑物轴线较长或河道较宽时，模型范围应取规定范围中的较大值或上限值。

2.3.3　比尺选择

由于截流模型试验的本身特点及场地、设备等条件的限制，设计制作时往往会缩小原型，产生模型和原型相似的问题。同时，要求截流模型能复演原型中各种动力因素影响下发生的物理力学现象，这样才能很好地用于研究和解决实际问题。不仅如此，由于流体力学、河流动力学等理论及实际工程问题的复杂性，截流模型往往无法获得严格的相似，还需要采用某种近似模拟的方法。因此，截流模型试验应建立在基于相似原理的模型试验方法上才具有其应用价值和普遍的推广意义。

（1）常规相似比尺。

1）相似准则要求。施工截流水力学模型试验，应具备与原型几何相似、水流运动相似和水流动力相似等条件。模型设计难以做到模型与原型在上述各方面达到精确相似，但应当满足主要方面的相似准则，以使模型试验成果换算到原型时，满足工程实用的精度要求。遵循《水利水电工程施工导流和截流模型试验规程》（SL 163）的要求，对截流模型试验应满足的相似准则如下。

A. 模型与原型应保持几何相似，不采用变态模型。

B. 模型试验水流主要作用力为重力，应遵循重力相似准则，使模型与原型弗劳德数保持相等。

C. 在满足几何相似和重力相似的基础上，还应满足阻力相似条件，即：模型水流应进入阻力平方区，若有困难，至少应保证在紊流区；模型糙率达不到沿程阻力相似要求时，应选择合理方法进行糙率校正。

D. 截流水力学模型应满足以下条件：截流模型要研究抛投料稳定，其模型水流的雷诺数不能小于4000，最好大于10000，以此确定模型比尺，则一般不小于1：100；模型表面流速宜大于23cm/s，水深不宜小于3cm；模型进出口非工作段的长度宜留有1～2倍的河宽或不宜小于25～50倍水深。

2）几何相似。几何相似是几何学中的概念，例如两个三角形对应边成同一比例，或对应角相等，则称为相似三角形。这一概念可推广到其他物理现象中，即两个体系（通常一个是实际的物理现象，称为原型；另一个是在试验中进行重演或预演的同类物理现象，称为模型）彼此所占据的空间的对应尺寸之比为同一比例常数，则称这两个系统彼此几何相似，该比例常数即为长度比尺 λ_l。例如，在两个空间体系 xyz 和 $x'y'z'$ 中，空间对应尺寸之比为：

$$\left.\begin{array}{l} \dfrac{x_1 x_2}{x'_1 x'_2} = \lambda_x \\[3mm] \dfrac{y_1 y_2}{y'_1 y'_2} = \lambda_y \\[3mm] \dfrac{z_1 z_2}{z'_1 z'_2} = \lambda_z \end{array}\right\} \tag{2-32}$$

若 $\lambda_x = \lambda_y = \lambda_z = \lambda_l$，则两个空间体系严格几何相似，即"正态相似"，如大小不同的两个圆球体。若 $\lambda_x = \lambda_y \neq \lambda_z$，即平面几何比尺与垂直几何比尺不同，则两个空间体系就不是正态相似，而是"变态相似"，例如圆球体与椭球体变态相似、正方体与长方体变态相似。通常把平面几何比尺与垂直几何比尺的比称为变率 η，即：

$$\frac{\lambda_x}{\lambda_z} = \eta \tag{2-33}$$

显然，变率越大，几何相似性越差。

3）运动相似。运动相似是指两体系中对应的两个质点沿着几何相似的轨迹运动，在互成一定比例的时间内通过一段几何相似的路程（见图2-1），即两个体系动态相似。

若路程 l、时间 t、速度 u、加速度 a 各要素的比尺分别为 λ_l、λ_t、λ_u 和 λ_a，即：

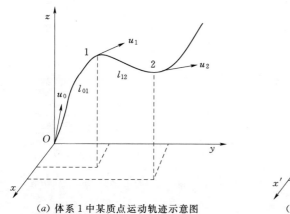
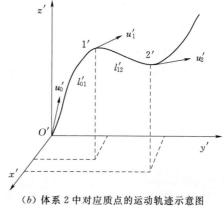

(a)体系1中某质点运动轨迹示意图　　　　(b)体系2中对应质点的运动轨迹示意图

图 2-1　质点运动相似示意图

$$\left.\begin{array}{l} \dfrac{l_{01}}{l'_{01}}=\dfrac{l_{12}}{l'_{12}}=\cdots=\lambda_l \\[3mm] \dfrac{t_{01}}{t'_{01}}=\dfrac{t_{12}}{t'_{12}}=\cdots=\lambda_t \\[3mm] \dfrac{u_{01}}{u'_{01}}=\dfrac{u_{12}}{u'_{12}}=\cdots=\lambda_u \\[3mm] \dfrac{a_{01}}{a'_{01}}=\dfrac{a_{12}}{a'_{12}}=\cdots=\lambda_a \end{array}\right\} \qquad (2-34)$$

则图 2-1 所示的两质点运动相似可表示为：

$$\left.\begin{array}{l} \vec{l}=\lambda_l\,\vec{l'} \\[2mm] \vec{t}=\lambda_t\,\vec{t'} \\[2mm] \vec{u}=\lambda_u\,\vec{u'} \\[2mm] \vec{a}=\lambda_a\,\vec{a'} \end{array}\right\} \qquad (2-35)$$

在以上体系中，各种比尺始终保持某一固定常数，这些常数并不一定相同，这是由现象本身的规律所决定的。由路程、速度和时间的关系可知：

$$\left.\begin{array}{l} u_{01}=\dfrac{l_{01}}{t_{01}} \\[3mm] u'_{01}=\dfrac{l'_{01}}{t'_{01}} \end{array}\right\} \qquad (2-36)$$

由于 $u_{01}=\lambda_u u'_{01}$，$l_{01}=\lambda_l l'_{01}$，$t_{01}=\lambda_t t'_{01}$，代入式（2-36）得：

$$\lambda_u u'_{01}=\frac{\lambda_l}{\lambda_t}\frac{l'_{01}}{t'_{01}} \qquad (2-37)$$

或

$$\frac{\lambda_u \lambda_t}{\lambda_l} u'_{01}=\frac{l'_{01}}{t'_{01}} \qquad (2-38)$$

于是有：

$$\frac{\lambda_u \lambda_t}{\lambda_l} = 1 \qquad\qquad (2-39)$$

把 $\frac{\lambda_u \lambda_t}{\lambda_l}$ 称为两个相似体系运动的"相似指标"。式（2-39）还可以进一步改写为：

$$\left(\frac{ut}{l}\right)_p = \left(\frac{ut}{l}\right)_m = idem = K \qquad\qquad (2-40)$$

式（2-40）中 $\left(\frac{ut}{l}\right)_p$ 和 $\left(\frac{ut}{l}\right)_m$ 都是无因次数，称为相似准数或相似判据。

相似指标等于1，或原型与模型的相似准数保持为同量并始终等于某一常数 K，是两个体系运动相似的必要条件。

式（2-40）也说明，在相似系统中，各种比尺或各物理量均服从于相应的公式或方程，且彼此相互制约，互不独立。如在上述例子中，一旦 λ_l 和 λ_t 确定，λ_u 也就确定了。因此，在模型设计中，各种比尺的确定要满足相应的相似指标的约束关系，而不能全部任意指定。

4）动力相似。两个几何相似体系中，对应点上的所有作用力方向相互平行，大小成同一比例，则这两个体系动力相似，即力的作用相似。

$$\frac{\vec{F}}{\vec{F'}} = \lambda_F \qquad\qquad (2-41)$$

式中 λ_F——力的比尺。

一个物理体系，可能同时存在有多个动力作用。如在水利水电工程中，可能遇到的作用力包括惯性力 F_I、重力 F_g、黏滞力 F_μ、摩阻力 F_D、表面张力 F_σ 和弹性力 F_e 等，在动力相似体系中，所有这些对应的力的方向应相互平行、大小成同一比例，即：

$$\lambda_{F_I} = \lambda_{F_g} = \lambda_{F_\mu} = \lambda_{F_D} = \lambda_{F_\sigma} = \lambda_{F_e} = \lambda_F \qquad\qquad (2-42)$$

（2）其他相似条件。

1）其他相似参数。除上述相似参数之外，截流水工模型试验还要满足以下几个相似参数。

A. 颗粒沉降相似或浮力相似准则。比尺关系式取决于所采用的流速公式。此准则对于存在有平堵截流或抛石护底的工程较重要。

B. 起动流速相似条件。具体的相似准则也取决于所采用的起动流速公式，此准则对于存在有动床模型和龙口护底的工程较重要。

C. 止动流速相似条件。截流抛投材料的稳定性问题本质上主要是止动问题。

D. 推阻力相似准则，即：

$$\frac{f}{\xi} = 常数 \qquad\qquad (2-43)$$

式中 f——摩擦系数；

ξ——绕流系数。

E. 大孔隙介质中的紊流渗透相似准则。这一准则取决于所采用的紊流渗透计算公式。

此准则对渗透流量所占比率较大的工程较重要，对渗透流量所占比率较小的工程可不考虑。

2）进占强度相似。截流进占强度是指在单位时间内抛投截流材料的数量，通常用重量表示。在进占过程中，模型需满足进占强度相似。模型大多采用原型材料，对于单个截流材料来说，其重力比尺 λ_G 和体积比尺 λ_V 相同，均满足 $\lambda_G = \lambda_V = \lambda_l^3$（$\lambda_l$ 是长度比尺）。但对于戗堤整体而言，由于模型、原型材料尺度差异较大，做到堤体空隙率、干容重相同难度较大，则重力和体积比尺就不一致。也就是说，当满足重力相似时，则模型堤体的底宽、顶宽和高度就不能保证几何相似；相反，当满足堤体几何相似时，则不能保证其重力相似。

鉴于堤体整体的稳定性是研究的重点，且在不考虑材料内聚力的情况下，抗滑力与其几何尺寸关系不大，而主要与重力有关。为此，进占强度一般需保证单个材料重力和几何相似及堤体总重量相似。其相应比尺为：

$$\left.\begin{array}{l} \lambda_G = \lambda_l^3 \\ \lambda_i = \lambda_l^{1/2} \end{array}\right\} \tag{2-44}$$

式中　λ_i——堤体重量相似比尺。

3）龙口、导流建筑物分流条件相似。随着截流进占的推进，上游河道水位不断升高，戗堤上下游水位差和龙口流速逐渐增大，同时，缩窄的河床或导流建筑物分流量也不断增大。合龙完成后，河道流量全部由导流部分的河床或建筑物下泄。所以，截流模型都需伴随导流模型，在进占的整个过程中，需做到从龙口通过的流量和从导流设施通过的流量相似，即分流量相似。

准确模拟过流建筑物的泄流能力等不仅需要做到几何相似、重力相似、阻力相似，还需严格做到体型、建筑物连接平滑度和局部流态等相似，而进出口、引水渠等的流态、水域边界、主流位置等对试验结果有较大影响。虽然导流模型设计和研究内容与永久泄水建筑物基本相同，但仍需注意其主要差异。导流建筑物进口一般较低，但一般仍高于原有河主槽，进水口前端河床常有淤积物、施工弃渣等，随着导流量的不断增加，淤积物不断被冲刷带走，进口水流条件不断发生变化，分流量也不断发生改变。所以，在整个截流工程中，即使是同样水位情况下，导流建筑物的泄流量也可能不一样，建筑物进口初始和结束的边界条件不尽相同，可用动床模型进行模拟或采用不同进口边界条件的定床模型模拟。实践中常用水流自动冲走导流建筑物出口河床上的淤积物或弃渣等。从截流开始到结束，出口河床边界也不尽相同，模型也常需详细模拟。

此外，如建筑物表面糙率难以达到相似，则应进行糙率修正。

4）流量过程相似。流量过程对截流具有较大影响，截流一般需要一定时间，在此时间内入流量不是固定不变的，所以截流模型常需模拟来流过程。模拟来流过程常采用两种方法，第一种是分段恒定法，即选用多级流量，分别按恒定来流在模型观测各水力要素，获得不同流量的截流方案。该方法操作方便，也能满足工程要求，常被采用。第二种是非恒定流法，即模型来流过程严格按相似比尺模拟出原型流量的全过程，模型水流为非恒定流。该方法操作复杂，技术较困难，需要多种连续观测和记录的观测设备，但较为符合实际。

（3）确定模型比尺的步骤。确定模型相似比尺的主要步骤如下。

1）初步确定平面比尺。对照模型研究范围和试验场地大小初步确定平面比尺 λ_s，在场地等条件允许的情况下尽量选择小的比尺，这样其他相似条件容易满足，精度也可提高。

2）初步确定垂向比尺。根据原型河道断面最小平均水深和过流建筑物最小水深，按照表面张力的限制条件（一般要求河道模型最小水深不小于1.5cm，过流建筑物模型最小水深不小于3cm）初步确定垂向比尺 λ_h，再验算模型流态是否进入紊流区或阻力平方区，以判断模型变率是否满足相关规范的要求。若 $\lambda_h > \lambda_s$，则可采用平面比尺为 λ_s 的正态模型；若 $\lambda_h < \lambda_s$，可做变态模型，变率常取2～5之间的整数。

3）计算水流运动相似比尺。根据重力、阻力相似条件，计算流速、流量、水流时间、糙率等比尺。

4）验算供水能力是否满足。根据试验需要的最大流量、量测仪器的量测范围等，按照拟订的比尺验算供水条件是否能满足要求，量测仪器测量范围是否满足要求。如不满足，在保证各项限制条件下可做适当调整，否则需增设供水设备和量测仪器。

5）验算糙率能否达到相似条件。通常情况下，天然河道糙率不会太小，通过加糙容易达到糙率相似；而水工建筑物材料常为混凝土，且过流面光滑，表面糙率均较小，模型缩小后，即使采用最光滑的有机玻璃也难以达到，所以在满足其他的条件下，宜尽可能选择相似的几何比尺。如实在难以全面顾及，则需采用糙率校正措施。

6）模型沙选择及确定泥沙运动相似比尺。收集多种模型沙资料，全面分析模型沙特性，选择适当的模型沙。如有可能，尽量利用已有的模型沙，这样不仅可避免浪费，还可省去模型沙起动、沉降等准备性试验，减少堆放场地，节约时间，减少环境污染。模型沙选定后，根据泥沙运动相似条件，计算出推移质或悬移质的粒径比尺、输沙率比尺、河床变形时间比尺等。

由于目前还没有一个能准确计算各种河流输沙率的公式，所以输沙率比尺不能完全准确反映原型与模型输沙率的实际相似比尺，此处确定的输沙率、河床变形时间等比尺还不是最终相似比尺，还需通过河床变形验证试验反复校正。

7）计算其他相关比尺。对于截流水工模型，需要计算坝体、截流材料等的粒径比尺、冲刷率比尺。

8）验算相似准则的偏离。有些平原河流，河道粗糙随流量的变化而变化，即使通过河床、边滩、河岸等边区段加糙都难以满足各级流量的糙率相似，特别是需要施放流量过程的动床模型试验尤为突出。这种情况下，应对工程最起作用、影响最大的那级流量的水面线达到相似，并允许其他流量级的阻力相似有所偏离，但偏离值宜小于30%，并应保证与原型水流同为缓流或急流。

通过对以上8个步骤的循环反复调整，可设计出最恰当的相似比尺。

模型比尺应综合考虑选定。工程规模较大、实验场地和供水能力较小时，选择一个较小的比尺，如果在这个比尺下的模型水深小于30mm，或建筑物糙率不能满足要求，或试验量测精度要求高，则应将比尺适当放大。

动床模型比尺应结合河床质粒径的模拟要求一并考虑。

2.3.4　动床模型模型沙选择

若截流戗堤附近河道为抗冲性较好的岩石河床或河床覆盖层非常薄，则可进行定床模型试验。但若河床覆盖层较厚，甚至存在沙、泥等多种床沙，为了准确模拟截流工程的水位和流速大小及其变化过程、分流条件、冲刷过程和范围等，则需要进行动床模型试验。

截流动床模型的床沙一般比截流材料小得多，如果仍采用天然沙，可能模拟较为困难，一般可采用轻质沙，其模型设计、模型沙选择等与动床河工模型相同。对于在同一河段同时存在黏性沙和非黏性沙的情况，可采用起动流速相等的方法将黏性沙的粒径换算为非黏性沙的当量粒径，然后均采用非黏性沙进行模型试验。具体可参考如下计算方法。

首先，根据原武汉水利电力大学提出的起动流速公式［见式（2-45）］：

$$u_c = \left(\frac{h}{d}\right)^{0.14}\left(17.6\,\frac{\gamma_s-\gamma}{\gamma}d+6.05\times10^{-7}\frac{10+h}{d^{0.72}}\right)^{0.5} \tag{2-45}$$

式中　u_c——起动流速；

h ——水深；

d ——粒径；

γ_s——泥沙颗粒容重；

γ ——水容重。

计算出黏性沙的起动流速，然后代入沙莫夫的非黏性沙起动流速公式算出当量粒径，并将当量粒径按非黏性沙进行模型设计。

2.3.5　抛投料模拟

截流水力学计算应确定截流过程中龙口段的单宽流量、落差、流速等水力参数及其变化规律，确定截流材料的尺寸和重量。

截流设计中，应计算出各种规格物料的数量，特别应估算出较大的特殊物料的数量，如混凝土四面体等，并应考虑足够的余量。

重要截流工程的截流设计应通过水工模型试验验证并提出截流期间相应的观测设施。

（1）截流抛投材料选择。

1）预进占段填料尽可能利用现场开挖料和当地天然料。

2）龙口段抛投的大块石、石笼、石串或混凝土四面体等人工制备材料数量应慎重研究确定。

3）截流备料总量应根据截流料物堆存、运输条件、可能流失量及戗堤沉陷等因素综合分析，并留适当备用量。

4）戗堤抛投物应具有较强的透水能力，且易于起吊运输。

戗堤进占前，需要准备由小到大多组不同粒径的抛投材料，抛投材料通常就地取材，多采用块石。开始抛投粒径较小的材料，随着进占的推进，河床逐渐缩窄，流速逐渐增大，到河床缩窄到一定程度，堤头材料被冲动带走后，改用较大一级的材料抛投，继续进占到一定程度堤头材料又被冲动带走时，再改用更大一级的材料抛投。戗堤进占到设计龙口宽度后进行堤头加固，形成裹头，最后采用钢丝笼、立方体（或四面体）混凝土等重量大的材料进行合龙。如葛洲坝水利枢纽工程大江截流，共抛投 25t 混凝土四面体 309 块，15t 混凝土四面体 484 块及大、中、小石料 10 万 m³。

（2）截流材料抗冲流速公式。由于进占材料，特别是合龙材料远超过一般起动流速公式的适用范围，且形状以及河床、堤头等边界条件与天然河道差异较大，所以截流采用抗冲相似比尺不能完全照搬底沙起动相似条件。

目前，截流均采用 C·B·伊兹巴斯抗冲流速公式计算相当粒径。

$$u_0 = K \sqrt{2g \frac{\gamma_s - \gamma}{\gamma} d} \qquad (2-46)$$

式中　γ_s——泥沙颗粒容重；

　　　γ——水容重；

　　　u_0——抛投材料抗冲流速；

　　　K——抗冲稳定性系数，与河床粗糙度、块石形状等有关；

　　　d——按体积相等换算为球体的等容粒径；

其他符号含义同前。

（3）抗冲稳定系数 K 的选用。影响抗冲稳定性系数 K 值大小的因素较为复杂，除与河床粗糙度、材料形状等有关外，还与抛投先后（平堵法时后抛材料与前抛材料的接触方式不同）、尺寸大小、水流作用方向等有关，难以有其准确的计算方法。根据国内一些试验研究，采用块石截流，$K=0.9$（平底上）或 $K=1.02$（边坡上）；采用混凝土立方体，$K=0.57 \sim 0.59$（平底上，河床糙率 $n \leqslant 0.03$）或 $K=1.08$（边坡上）；采用混凝土四面体，$K=0.53$（平底上，河床糙率 $n \leqslant 0.03$）、$K=0.53$（平底上，河床糙率 $n > 0.035$）或 $K=1.05$（边坡上）。国内外几个截流工程经验：布拉茨克水电站截流平堵 $K=0.52$；丹江口水电站截流平立堵 $K=0.50$；三门峡水电站截流神门河立堵 $K=0.58$；葛洲坝水电站截流平立堵 $K=0.90$。

根据有关试验和收集到的资料，发现 K 值的变化范围是 $0.4 \sim 2.7$，并得到式（2-47）：

$$\begin{cases} K = \left(\dfrac{h}{d}\right)^{\alpha_1} \left(0.4 + 0.6 \sqrt{\dfrac{\Delta}{d}}\right) & （平堵法）\\[3mm] K = \left(\dfrac{h}{d}\right)^{\alpha_2} \left(0.65 + 0.35 \sqrt{\dfrac{\Delta}{d}}\right) & （立堵法） \end{cases} \qquad (2-47)$$

式中　Δ——床面块体粒径；

　　　h——水深；

　　α_1、α_2——待定经验系数。

（4）相似比尺。模型截流材料需满足起动流速、抗冲流速等相似，即 $\lambda_{u_c} = \lambda_{u_0} = \lambda_0$。据此可以导出抗冲流速相似比尺为：

$$\lambda_{u_0} = \lambda_i^{1/2} = \lambda_K \lambda_g^{1/2} \lambda_{(\gamma_1 - \gamma)/\gamma}^{1/2} \lambda_d^{1/2} \qquad (2-48)$$

截流材料一般颗粒较大，模型可采用原型材料。式（2-48）中重力加速度、相对容重的比尺等于1；在截流过程、河床边界相似的情况下，也可认为模型、原型系数 K 的值相同，即其比尺等于1。据此可得到截流材料粒径比尺：

$$\lambda_d = \lambda_l \tag{2-49}$$

式（2-49）表明，如模型截流材料选用原型材料，则其尺度大小、块体形状可按几何比尺进行缩小。事实上，若采用沙莫夫等起动流速进行推导，也同样可得到此结论。但是，如果原型、模型的水流条件、边界条件、河床粗糙程度不尽相同或相似，则抗冲稳定系数 K 不应相同，若不采用其他模型材料，则需按上式进行严格的相似设计。

2.4 供水系统设计

截流模型试验中的供水系统，其类型较多（见表2-2），随着科技的进步，还会不断更新。试验场所供水系统应根据具体条件和需要进行设置，可采用一种或多种供水形式，国内采用最多的是循环式水流系统，重力式水流系统在国内外试验室也有一些应用，但为数不多。循环式水流系统与重力式水流系统的对比见表2-3。

表2-2   供水系统分类表

序号	分类标准	类型
1	水源及性质	循环式水流系统、重力式水流系统
2	水质	清水系统、浑水系统
3	配水方法	单一式、综合式

表2-3   循环式水流系统与重力式水流系统的对比表

类型	系统组成	优点	缺点
循环式水流系统	由蓄水池、动力抽水设备、平水系统、配水管路和回水管槽等组成，模型试验用水循环使用	水源可以重复利用，进行清水、浑水试验比较容易控制，试验不受时间的约束	设备维持费用高，流量较小
重力式水流系统	利用闸坝、瀑布或运渠跌水等所提供的水力条件，就地引水，经模型或专用设备试验后的尾水不再重复使用，直接导泻至下游河渠	设备平常维持费低、可用流量大	试验场所需有合适的水源。当利用灌溉渠道水源时，往往不可能常年供给，水源可能浑浊不易处理，一般不可能应用激光测速仪

控制水流系统设备布置最主要的因素为流量，其次为水头，两者均随试验任务而定，一般的水工模型试验所需工作水头不高。本节重点叙述循环式水流系统。

2.4.1 清水系统

清水系统一般由蓄水池、水泵（包括吸水管、上水管及配套的动力电气设备）、平水塔、配水管、回水渠等组成（见图2-2和图2-3）。模型试验用水使用水泵循环供水。

清水水流循环系统主要设备介绍如下。

（1）蓄水池。蓄水池多为圆形或矩形，一般为钢筋混凝土结构，小型蓄水池可用砖砌结构。室内蓄水池需加设盖板作为地坪，要求不能结冰。蓄水池与抽水池可分建或合建，需注意保持水质的清洁。

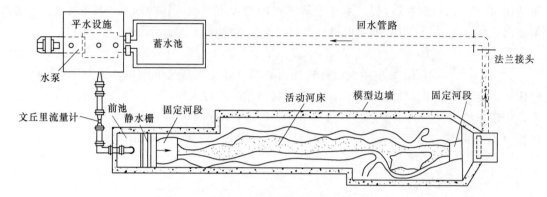

图 2-2　清水水流循环系统布置平面示意图

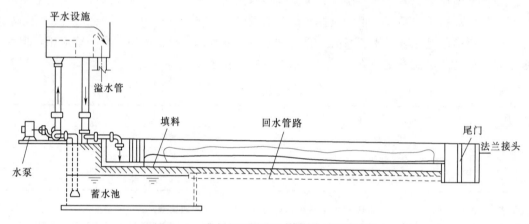

图 2-3　清水水流循环系统布置立面示意图

　　蓄水池的容量也是试验室的总水量，应能满足循环总流量的要求，并留一定的余地。蓄水池的最高蓄水位宜低于试验地坪一定深度，以保证水泵吸水口有一定的浸没深度和死库容，有效库容还宜增加，常在吸水口范围将池底局部加深。

　　蓄水池容量的简便算法主要有以下两种。

　　1) 蓄水池的蓄水有效库容按照总供水流量乘以试验室最大抽水量所需的抽水时间进行估算，抽水时间按水流在试验室循环时间来估计。例如，试验室供水流量为 250L/s，试验室抽水时间为 10~20min，则蓄水池的蓄水有效库容为 150~300m³。

　　2) 蓄水池的蓄水有效库容按照试验室面积乘以平均水深进行估算。例如，试验场地的面积为 1000m²，平均水深为 10~40cm，则蓄水池的有效库容为 100~400m³。

　　蓄水池的容量除按照上述经验估计法进行估算外，还应考虑为试验室内修建大型试验设施及可能的发展留余地。

　　(2) 平水系统。平水系统主要起保持固定供水水头，达到稳流的作用，它是循环式水流系统重要的组成部分，常用的是平水塔和变频恒压供水系统。

　　1) 平水塔。平水塔主要有钢筋混凝土和钢结构两种结构，大型平水塔常用钢筋混凝土结构。平水塔分为进水仓、平水仓及回水仓，其结构及功能见表 2-4。

序号	结构名称	结 构 功 能
表 2-4		平 水 塔 结 构 及 功 能
1	进水仓	消减水流的多余能量，匀化流态
2	平水仓	通过顶部所架设的多条溢水槽，引导多余水量经回水仓流回蓄水池，确保平水塔内水面恒定
3	回水仓	集纳溢水槽下泄余水，经回水管下泄至蓄水池

平水塔具体设计要求如下。

A. 平水塔的高度。平水塔的高度是指平水仓水面离试验场所地坪的高度，其直接影响配水管的尺寸，通常低平水塔所需高度仅为5m左右。平水塔须能按试验要求保证供应一定的总流量。通常情况下，泵房布置在平水塔下，方便设备管路的起吊、安装及维修，此时还需考虑泵房内要有一定的净空高度。另外，有时水泵扬程较高而平水塔的高度较低，需增加消能设施或扩大进水仓的容积。鉴于此，一般低平水塔的高度不低于5m。

B. 平水塔的容积。平水塔的平面面积应能满足布置溢水槽的基本需求。为使进水仓、平水仓、回水仓都能充分发挥作用，平水塔的容积须能满足水流均匀分布、消除波浪、稳流的要求。有时进水仓内还需设置辅助分流消能设施，如挡板、分流板和多孔出流格栅等。根据经验，一般平水塔的容积为最大供水流量乘以75~100s，例如总流量为280L/s，则平水塔的容积为21~28m^3。

C. 溢水槽。溢水槽主要由金属或预应力钢筋混凝土两种材料制成，主要起到恒定水头和消除水面波动的作用，从而达到稳流的目的。在实际运用中，水泵的抽水量需略大于模型总需水量，余水通过溢水槽均匀溢出，以便保持塔内水面变差始终控制在允许范围内。每条溢水槽的宽度一般为10~15cm，深度则根据最大溢流量估算，常用15~20cm，溢水槽的净间距应略大于15cm。

溢水槽的溢流总长度主要取决于试验总供水量及所控制的水面变差。一般可按简单的经验法估算，即每100L/s供水量需有20m长的溢水槽。另外，也可根据所选用水泵容量的级差流量与试验中可能变动流量之和作为总溢流量，再根据平水塔水面允许水面变差来计算溢流长度。

D. 回水管。回水管尺寸以能顺利排泄总流量为准，一般用1根粗钢管即可，大平水塔必要时可用2根。

2) 变频恒压供水系统。变频恒压供水系统一般由PLC控制器、变频调速器、软启动器、触摸屏显示器、交流接触器、断路器、压力变送器、水位变送器以及水泵组成。该系统可以根据实际需要水压的变化自动调节水泵的转速或加减速，实现恒压供水，降低能耗，还可以延长主泵电机的使用寿命。由于采用了变频器和软启动器，在水泵启动时，不会对电网造成冲击。

变频恒压供水系统的工作原理为：在蓄水池中安装有水位变送器，实时监测蓄水池水位（在低于下限警告水位时发出声光警告，在低于极限水位时停止所有水泵，以防止干泵运行），在主管安装有压力变送器，将检测出的水位、压力转换成4~20mA的模拟信号，输入到PLC的模拟量输入模块，PLC将检测到的压力信号和通过触摸屏设置的压力经过PID运算后，传送到模拟量输出模块，用以控制变频器的给定频率值，通过控制变频器的输出频率来调整水泵电机的转速，从而改变主管的压力，以达到保持水压恒定的目的。同时，在触摸屏显示器上可以显示各个电机的电流、频率、水位、水压、工频和变频运行的时间以及各泵的运行状态。

变频恒压供水系统主要有手动和自动两种运行方式。

A. 手动运行方式，只在系统出现故障时使用。选择手动运行方式时，根据需要，通过操作台上的设定压力值任意启动或停止各水泵；变频泵的速度调节仍然自动控制。

B. 自动运行方式。选择自动运行方式时，先将（自动-停止-手动）转换开关旋到"停止"位置；再合上控制柜电源开关和变频器的供电开关；然后根据需要，设定压力值和各类参数，将（自动-停止-手动）转换开关旋到"自动"位置，使设备自动运行；延时几秒钟后，控制系统将自动控制开泵、关泵的操作，保证恒压变量供水。

（3）动力抽水设备。从蓄水池抽水至平水塔或模型前池，一般选用离心式水泵作为动力抽水设备。水泵的选用主要依据以下两点。

1）通过蓄水池最低水位，水泵轴心位置，平水塔水面高度，管路、弯头、闸门等沿程和局部水头损失，并附加20%的安全系数来确定扬程。

2）通过试验室用水总量及用水情况，确定电动机的总功率及相应的水泵型号和配套台数。

在实际工作中，为达到调配灵活、节约用电的效果，常采用几台容量不等的水泵组合在一起，这样既可以根据各项模型流量的需求灵活增减水泵运行的台数，又有利于水泵互换使用、维修和保养。

水泵功率选择可按式（2-50）计算：

$$P = \frac{9.81QH}{\eta} \qquad (2-50)$$

式中　P——功率，kW；

　　　Q——流量，m³/s；

　　　H——总水头，m；

　　　η——电动机水泵综合效率，常取0.70。

假设试验室用水总量为270L/s，总水头为16m（包括沿程损失和局部损失），将相关参数代入式（2-50）得：

$$P = \frac{9.81 \times 0.27 \times 16}{0.70} = 60.5 \text{kW}$$

按$P > 61$kW的功率作进一步的经济效益比较（见表2-5）。

由表2-5可见，耗用功率和供应流量基本接近，但方案1与方案2的流量组合均优于其他方案，其中又以方案1为最优，选用3台水泵即可获得最佳效果。

当然，在上述比较中尚需考虑水泵间尺寸的因素。平水塔的高低与配水管的尺寸有密切关系，一般选用低平水塔和低扬程、大流量的水泵方案比较经济。水泵的安装高程，可高出蓄水池最高水位，为利于离心泵的启动，需有底阀（泵的效率有损失）或真空充水（泵的效率较高，但需附设大容量的真空泵）；也可低于蓄水池最低水位，此时可省去底阀，泵的效率可高一些，但是泵房内较阴湿并易积水，水泵检修也较为不便。

表 2-5　　　　　　　　水泵台数、电机功率和输送流量选用效果比较表

方案编号	电动功率/kW	14	22	28	40	55	合计		效果	
	流量/(L/s)	60	90	120	160	210	功率/kW	流量/(L/s)	组合数	流量组合
1	选用水泵台数 3	1×60	1×90	1×120			64	270	7	60，90，120，150，180，210，270
2	4	3×60	1×90				64	270	7	60，90，120，150，180，210，270
3	3	2×60			1×60		68	280	5	60，120，160，220，280
4	3		3×90				68	270	3	90，180，270
5	2	1×60				1×210	69	270	3	60，210，270
6	2			1×120	1×160		68	280	3	120，160，280

（4）泵房。动力泵房的面积应根据近期需要和远期补充的可能以及附设的管路闸门、电气设备等作出合理的规划设计，以容纳电机、水泵的套数为基础，电器补偿系统及其设备可放在泵房内，也可另作安排。另外，泵房内应留有便于工作人员进行现场检修和操作的面积。为合理使用泵房面积，避免大泵在吸水过程中的抢水现象，大泵与小泵间隔布置要适当，每台水泵吸水口的间距不宜少于邻近吸水管中较大管径的 3 倍（见图 2-4）。

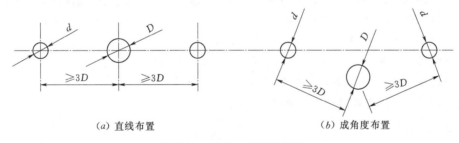

（a）直线布置　　　　　　　　　　　　　　（b）成角度布置

图 2-4　吸水口间距示意图

此外，电机在运转中常因各种原因停机，导致水泵突然停止工作。此时，因平水塔作用水头而产生的水击波直接传至水泵轴、轴承和底阀等部位，可能损伤某些部件。因此，在出水管上需附设止回阀，若在出口处设置蝶阀更好（见图 2-5）。

水泵动力可采取电气集中远控方式管理，并设预警和电器保护装置，使值班人员能在安静的管理室内进行操作和监视，但仍需定时到泵房内检查，及时维护。

（5）配水管路。自平水塔至各个模型及水槽的配水管路也是试验室基本设备的重要组成部分，一般采用一根或数根引水总管，每根总管可连接几条支管，组成一个配水管道网络。配水管路的配置主要考虑模型和专用试验设备的位置及引水方便，同时要保证配水管总的配水量要能满足试验室总用水量的要求。引水管路一般采用钢筋混凝土管或金属管，要注意金属管道的防锈，露天管路要注意冬季防冻裂。

配水总管一般埋设在地坪线以下的沟槽中，为方便配水支管连接，在地坪线以上的恰

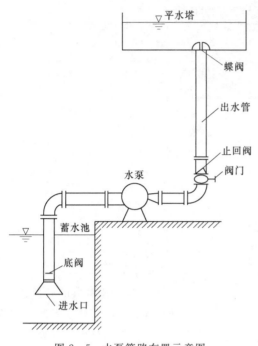

平水塔

蝶阀

出水管

止回阀

阀门

水泵

蓄水池

底阀

进水口

图 2-5 水泵管路布置示意图

当位置，留有一定数量的三通或阀头。在支管上安装控制阀门，可以控制和调节模型流量。为便于管路的检修，在总管和支管的最低处，应设置排水阀。另外，在形成虹吸管段的最高处，应设置排气阀。

（6）回水管槽。模型下泄水流主要经回水管槽或回水井导入蓄水池，完成水流的循环。回水管槽一般采用环行与栅状相结合的布置方式，布置应便于试验室内基本固定设备及不同位置的模型退水回流入蓄水池。其断面尺寸按顺利排泄试验室总流量计算确定，当计算的结果比较小时，要适当扩大计算断面的尺寸，且槽底坡度应大于 1：200。在回水管槽的适当位置应加设集水井，用来沉积污物。兼有一部分蓄水功能的回水主槽，其断面及长度的设计还应考虑满足蓄水功能要求。

回水明槽均为砖砌或钢筋混凝土结构，槽顶盖板为钢筋混凝土结构，其上预留小孔便于排水，盖板可做成部分固定部分活动。深埋回水管可用预制钢筋混凝土管或铸铁管，但需注意管件接头处易产生裂缝漏水。

进行动床模型试验研究中，为沉积从模型内流出的模型沙，模型尾端与回水槽的连接处应设置沉沙池，避免模型沙沉于回水槽、蓄水池。沉沙池所需断面和长度，需根据模型沙粒径及其不冲流速、沉降速度和试验中最大流量估算。沉沙池的进口和出口处，应注意水流情况，使之能满足沉积模型沙的要求。

2.4.2 浑水系统

通常，进行挟沙水流试验时，需要采用专门的浑水系统。浑水系统主要有全循环浑水系统和水沙分离系统两种形式。全循环浑水系统中，在蓄水池配制水流的含沙量，使其在进入模型时满足要求；水沙分离系统中，模型沙在模型首部添加，模型沙与水流混合后在水流的挟带下进入模型的试验河段，在模型尾部和蓄水池之间设置有足够长度和深度的沉沙池，将多余的模型沙收集起来再重复使用。

一般浑水系统由储水池、搅拌池、水泵、供水管、冲沙管、回水沟、沉沙池等组成（见图 2-6）。

在进行悬移质动床模型试验中，因水流在运转过程中始终含有大量泥沙，当考虑泥沙在试验过程中循环使用时，应采用单独的浑水循环系统，其基本设备与清水循环系统大体相同，主要区别在于避免泥沙在系统中落淤。水沙分离系统中，除沉沙池和加沙机以外，其他部分均与清水系统完全一样。

（1）搅拌池。搅拌池的主要功能是拌匀和储存具有一定含沙量的浑水，多采用钢筋混凝土或砖砌的圆形结构，直径不宜过大，底部以呈漏斗形为宜，进水管莲蓬头应位于漏斗底部。搅拌池主要采用机械搅拌和水力搅拌两种搅拌方式，机械搅拌是利用机械的动力带动叶片进行搅拌；水力搅拌则是利用水力沿切向或直接冲击搅拌池进行搅拌。机械搅拌和水力搅拌方式见图 2-7。

（2）加沙机。加沙机主要有皮带式加沙机和漏斗式加沙机两种。皮带式加沙机是在匀速转动的皮带机上，均匀地堆放模型沙，随皮带的均匀转动，模型沙连续地加入模型中。漏斗式加沙机则利用机械的振动使模型沙沿齿条缝隙流入模型。

在进行推移质模型试验，模拟底沙运动时，一般不使用浑水系统，而只需在模型进口利用加沙机加沙，在模型尾部修沉沙池收集泥沙即可。为此，可在进口设置加沙机，以保证加沙速度均匀，并能控制加沙量。

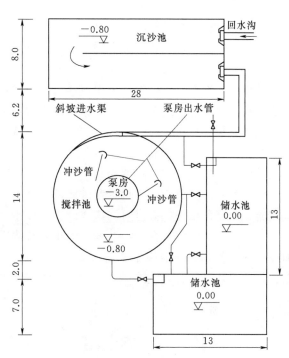

图 2-6　浑水系统示意图（单位：m）

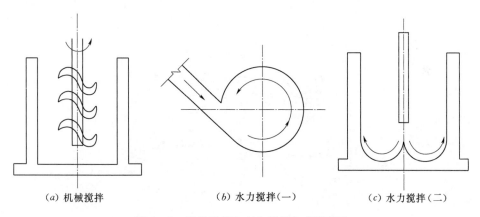

（a）机械搅拌　　　　　　　（b）水力搅拌（一）　　　　　　（c）水力搅拌（二）

图 2-7　机械搅拌和水力搅拌方式示意图

2.5　设计实例

截流模型应用于针对实际工程设计、施工的模拟研究，常将研究对象按照一定的相似条件或相似准则编制，形成实体模型。其直观性强，具有对工程结构模拟的准确性高，并能准确反映复杂几何边界、复杂流态等方面的优点，但它受到模型比尺等的限制。

2.5.1 正态整体定床模型

正态整体定床模型在模拟范围上考虑了对研究对象影响较大的上下游及左右边界，是针对整体，在原型的长、宽、高三个方向上将尺度按照同一比例缩制建立的物理模型。与动床模型的差别在于，模拟过程中假定模型地形在水流等动力条件作用下不发生变形。飞来峡水利枢纽工程一期截流模型与深溪沟水电站工程截流模型均为正态整体定床模型。

飞来峡水利枢纽工程一期截流实际只是改流，主流绕过左侧横向围堰，改由右侧导流河床通过。截流时段选为 10 月，设计流量选用 10 月 10% 平均流量 1120m³/s，龙口位置选在纵向围堰后段与横向围堰相结合处，龙口最终落差 0.17m，最大平均流速 1.74m/s。

一期截流需要研究范围包括截流区域及其上下游一定河段范围，而且一期截流实际只是改流，分流条件好，截流对河床变形影响较小，因此采用了正态整体定床模型。

一期截流试验研究在 1:80 的水工正态整体定床模型上进行，定床模拟河段长度为坝轴线上下游各 2.5km。模型试验在龙口宽度分别为 50m、30m、20m 时，观测流速、流态和龙口落差。试验观测表明：由于右侧导流河床扩大段分流条件好，龙口水位落差较小，流速不大，龙口处最大流速小于设计上限值 1.74m/s，最大落差小于设计上限值 0.17m。

飞来峡水利枢纽工程一期截流工程实际实施比较顺利（见图 2-8），表明与试验研究成果较为吻合。

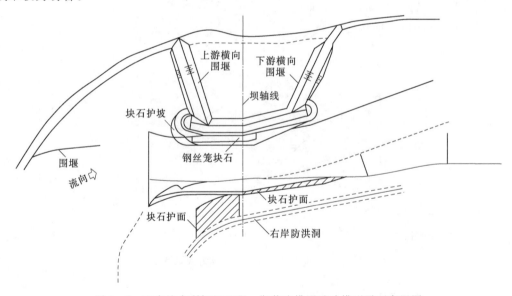

图 2-8　飞来峡水利枢纽工程一期截流模型试验模型平面布置图

2.5.2 正态整体动床模型

正态整体动床模型在模拟范围上考虑了对研究对象影响较大的上下游及左右边界，是针对整体建立的物理模型。其特点是在原型的长、宽、高三个方向上将尺度按照同一比例缩制，模型床面依据测算铺放一定厚度的模型沙，以便对实际地形的冲淤变化进行模拟研究。国内的截流模型试验中，较为典型的正态整体动床模型有葛洲坝水利枢纽工程大江截流模型、三峡水利枢纽工程大江截流模型、飞来峡水利枢纽工程二期截流模型、三板溪水电站工程截流模型、瀑布沟水电站工程截流模型、锦屏一级水电站工程截流模型、糯扎渡水电站工程截流模型、大岗山水电站工程截流模型、向家坝水电站工程截流模型、藏木水电站工程截流模型和黄登水电站工程截流模型等。

（1）飞来峡水利枢纽工程二期截流模型。飞来峡水利枢纽工程二期截流特点是：截流时，左右侧河床15孔泄水闸已建成并可全部开启泄流，为二期截流提供分流条件，由于8月下旬仍属丰水期，龙口处水深可达9m以上，龙口处设计流速达2.56m/s，而龙口河段河床覆盖层达8～18m，抗冲流速不到1m/s。在这样的条件下，要形成安全稳定的龙口，汛前需在龙口位置实施抛石护底。汛期截流有一定风险，因此试验研究较一期截流试验更为深入，采用了正态整体动床模型（见图2-9）。

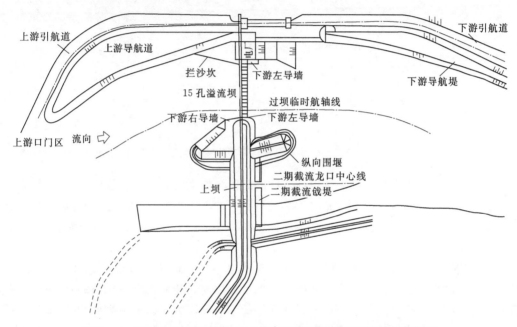

图2-9 飞来峡水利枢纽工程二期截流模型试验模型平面布置示意图

试验研究在1:100水工整体动床模型上进行，模型模拟了从旧横石至板塘共6.6km河段，其中动床范围为坝轴线上下游区0.9km，设计截流流量选用1550m³/s（8月下旬5年一遇流量）、2330m³/s，采用左右戗堤以立堵方式两侧同时进占。试验模拟了抛投全过程，抛投材料、容重、级配、抛投强度、进占方式均按照《施工截流模型试验规程》（SL 163.2—95）的相似准则进行。

试验结果与设计指标比较接近。施工截流期间北江流量比往年偏小，为截流创造了有利条件，因此试验与实际技术指标稍有差异。1998年8月28日大江截流成功，证实了试验研究成果的可靠性。

（2）三板溪水电站工程截流模型。三板溪水电站坝址区河谷形态为不对称的V形横向河谷，左岸坡面平整，右岸坡面较陡，河床覆盖层2～6m，河流洪枯流量变幅大，洪峰多呈单峰形。为实现三板溪"一枯抢拦洪"的进度目标，截流采用隧洞导流、围堰一次拦断河床的导流方式，截流时间选定在 2003 年 9 月中旬，设计流量为旬平均流量 394m³/s。

试验采用动床正态模型，模型长度比尺为 1:40。模型制作范围：上游戗堤轴线以上 600m，下游戗堤轴线以下 600m。动床范围以河道冲淤相似为原则，但已有的截流模型试验经验表明，冲刷相似较容易满足，而淤积相似往往不易满足，故此选定上游戗堤轴线以上 100m，以下 200m。整个模型总长将近 40m，最大宽度约 8m，其平面布置见图 2-10。

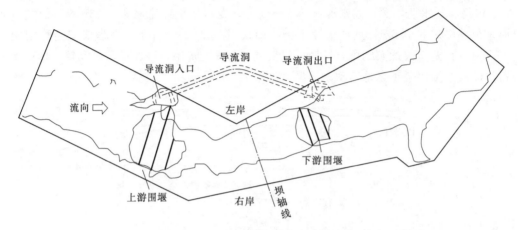

图 2-10　三板溪水电站工程截流模型试验模型平面布置示意图

截流模型试验成果表明：截流设计选取的时段与标准是合适的；戗堤轴线位置和龙口位置合理，龙口宽度比较适中；龙口不必进行专门的平抛护底；提高隧洞分流能力有利于降低截流难度。2003 年 9 月 17 日三板溪水电站工程截流成功，事实证明截流模型试验成果的可靠性。

（3）糯扎渡水电站工程截流模型。糯扎渡水电站工程截流具有截流流量大、流速大、落差大、龙口水力学指标高、截流规模大、抛投强度高、陡峭狭窄河床截流施工道路布置困难等诸多特点，截流施工采用一次拦断河床的隧洞导流方式。截流期间由 1 号、2 号导流隧洞共同承担分流任务，导流洞采用全断面钢筋混凝土复合衬砌。为保证糯扎渡水电站工程截流成功实施，截流前进行了精确的水力学计算和截流模型试验。

截流模型为正态整体局部动床截流模型，按重力相似准则设计，模型与原型保持几何相似、水流运动相似和动力相似，几何比尺定为 1:60。1 号、2 号导流隧洞采用有机玻璃制作，糙率换算成原型为 0.01。模型起自上游围堰轴线以上约 700m，止于下游围堰轴线以下约 900m，模拟原型河段 2400m（沿主流线）。模型采用等高线法用水泥砂浆塑制高程 625.00m 以下岸边及水下地形，龙口区域采用局部动床模拟。糯扎渡水电站工程截流试验模型平面布置见图 2-11。

模型试验结论：①试验对设计单位提供的戗堤轴线位置进行了验证，从河床的地形地质条件、与防渗墙的位置关系、是否有利于隧洞分流等角度考虑，认为戗堤轴线位置是合理的；②鉴于在设计截流流量 1442m³/s 下，水力条件恶劣，抛投材料流失严重，故建议将截流流量定为 1120m³/s。龙口合龙试验结果表明，水力学指标仍较高，但相对设计截流流量 1442m³/s，截流难度明显降低；③由于落差较大、流速较高，为保证截流工程顺

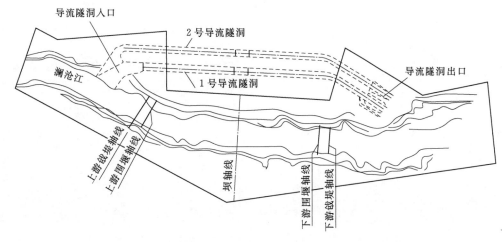

图 2-11 糯扎渡水电站工程截流试验模型平面布置示意图

利实施，建议各级配抛投材料尤其是特大石料一定要准备充分，备料系数以 1.5～2.0 为宜，另外，还需准备一定量的钢筋石笼和四面体混凝土石串，以备在截流最困难阶段使用；④左戗堤进占过程中，常发生坍塌现象，在左戗进占 60～30m 段，坍塌较为频繁，因此实际施工中应注意做好左戗堤人员及施工设备的安全防护。

（4）大岗山水电站工程截流模型。大岗山水电站坝址区河谷呈 Ω 形嵌入河曲形态，河道两岸山体雄厚，谷坡陡峻，基岩裸露，海流沟口以上大渡河河谷呈 V 形，下游河谷相对宽缓。枯水期水面宽 40～70m，水深 3～11m。截流设计采用河床一次断流，右导流洞单洞导流，立堵截流的施工方式，截流时间拟订为 2008 年 2 月中旬，设计截流标准为 2 月中旬 10 年一遇旬平均流量 317m³/s。

截流模型试验采用正态整体局部动床截流模型，按重力相似准则设计，模型长度比尺 $\lambda_L = 50$。根据大岗山水电站河段河道特点，模型长度范围为上游至坝轴线以上约 750m，下游至坝轴线以下约 850m，总长约 1600m。为保证导流洞进口、出口水流的相似，导流洞上、下游进出口以外预留河道长度分别达 300m、350m，满足达到 5～8 倍河宽的要求，整个模型模拟原型河段 1600m（沿主流线），即模型试验河段总长约 35m。

模型水下及岸边地形采用等高线法用水泥砂浆塑制。模型左、右岸导流洞采用透明有机玻璃制作，以利观测导流洞进口、渐变段、弯道、出口等部位的流态状况以及漩涡等水力学现象。

模型共设置了 7 个水位测站，布置如下：导流洞进口、上戗堤上游侧、上戗堤下游侧、下戗堤下游侧（双戗截流时）、坝轴线、导流洞出口、模型尾水位控制站（导流洞出口下游 60m），其模型平面布置见图 2-12。

试验采用单戗单向、单戗双向、双戗双向截流进占方式进行对比研究。截流模型试验研究表明：①单戗双向截流方案为较优方案，此方案龙口水流流态较好，截流水力学指标与其他方案相当，虽抛投材料流失略大，但抛投绝对总量不大，且采用单戗双向截流施工组织简单，且无需使用特大块石；②导流洞进口残留 2m 施工围堰残埂，增加了对戗堤截流难度；③截流戗堤高度不高，坍塌程度较轻，但在实际施工中仍要提高警惕，采取必要

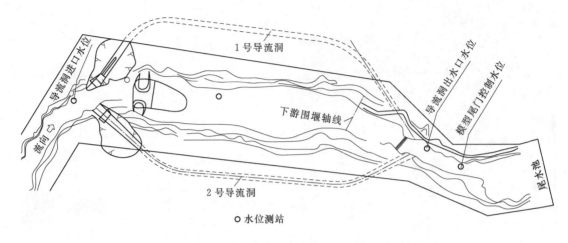

图 2-12 大岗山水电站工程截流模型试验模型平面布置图

防范措施，保证施工设备和施工人员的安全；④由于截流难度较大，为保证截流工程顺利实施，各级配抛投材料一定要准备充分，备料系数以 1.5～2.0 为宜，同时，还可制备一定数量的钢筋石笼。

（5）向家坝水电站截流模型。向家坝水电站一期工程开工后，为满足束窄后河床的通航要求，对坝址区右岸高程 268.00m 以下河床进行了扩挖疏通，改变了原河道的水位-流量关系。同时，束窄后的河床经过 2006 年、2007 年的汛期冲刷，河道也发生了较大的改变，对原截流设计产生较大的影响。为进一步掌握截流各阶段的水力学条件，根据河床的实际地形条件进一步验证截流方案的可行性和可靠性。同时，为考虑一期横向围堰拆除程度对导流底孔分流能力的影响，进行了截流动床模型试验，以预测截流过程中可能发生的技术问题，制定相应的技术措施，确定最优的截流方案。

大江截流设计时间为 2008 年 12 月下旬，截流设计流量采用 12 月中旬的 10 年一遇旬平均流量 2600m³/s；同时，根据料场位置和施工道路布置条件，采用在上游进行单戗堤从右至左单向立堵进占的截流方式，龙口位置设于一期纵向围堰堰脚以右约 30m 处。

截流模型为正态整体局部动床截流模型，按重力相似准则设计，模型与原型保持几何相似、水流运动相似和动力相似。模型几何比尺定为 1:60（即 $\lambda_L=60$），相应参数如下：

时间比尺 $\lambda_t=\lambda_L^{1/2}=7.75$；流量比尺 $\lambda_Q=\lambda_L^{5/2}=27885.48$；流速比尺 $\lambda_v=\lambda_L^{1/2}=7.75$；糙率比尺 $\lambda_n=\lambda_L^{1/6}=1.98$。

根据向家坝水电站截流模型试验技术要求及研究河段河道特点，模型长度范围为上游至坝轴线以上 1200m，下游迄于坝轴线以下 1400m，整个模型模拟原型河段（沿主流线）2600m，即模型试验河段总长约 43m。由于截流河段河床有一定厚度的覆盖层，龙口处河床覆盖层受到高速水流冲刷可能会发生变形，对截流戗堤的稳定性和抛投材料的流失量产生影响。模型对上游戗堤龙口区域采用局部动床进行了模拟，动床模拟范围为戗堤轴线上游 50m 至戗堤轴线下游 200m 的整个河床区域，其模型平面布置见图 2-13。

通过模型试验，确定了截流戗堤的布置、龙口位置、龙口段和非龙口段的划分、截流水力学参数和施工进占抛投方式，尤其对围堰残埂及岩埂对截流的影响进行了比较研究，

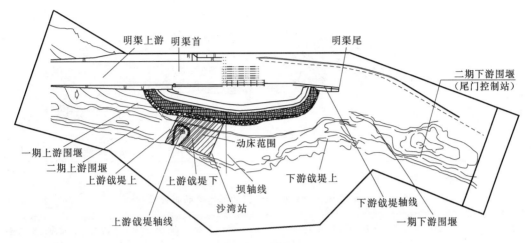

图 2-13　向家坝水电站截流模型试验模型平面布置示意图

综合局部动床截流试验成果，拟订了截流流量 $Q = 2600\text{m}^3/\text{s}$ 时截流戗堤抛投材料进占分区规划图表，为截流施工方案的决策和制定提供了科学的依据。

（6）黄登水电站截流模型。黄登水电站截流设计采用河床一次拦断截流，右岸 1 号导流洞分流。设计截流流量标准为 10 年一遇 11 月中旬平均流量 695m³/s 及预备截流流量 10 年一遇 11 月上旬平均流量 861m³/s、10 年一遇 12 月月平均流量 423m³/s。

试验采用正态整体局部动床模型，按重力相似准则设计，模型与原型保持几何相似、水流运动相似及动力相似。模型几何比尺为 1:50。模型的基本尺寸和制作如下。

模型范围：上起导流洞进口上游 500m，下至导流洞出口以下 800m，原型全长约 2800m，相应模型长度约 55m。

模型高度：为满足导流复核及截流试验要求，试验模型上游围堰轴线以上地形做至高程 1535.00m；上游围堰轴线以下地形渐变至高程 1500.00m，假定本河段河床地形的最低点约为高程 1460.00m，考虑预留 30m 左右的动床试验冲刷深度，模型底板高程初拟为 1430.00m，相应上游模型高度约为 2.1m，下游模型高度约为 1.4m。

模型宽度：结合河道地形特点，考虑枢纽布置、试验工作平台等因素，模型平均宽度取 10m。上游截流戗堤布置在上游围堰范围内靠下游侧，河床截流后，该戗堤结构将成为上游土石围堰堰体的一部分，其模型平面布置见图 2-14。

通过模型试验，分析了龙口截流过程中水力学要素的分布规律，研究确定了黄登水电站截流工程戗堤的布置、龙口位置的选择、截流水力学参数及进占过程中抛投方式的选择，同时研究了水流对 1 号导流洞进口全年围堰爆破后的冲渣情况及对导流洞分流能力的影响。结果表明，不论导流洞进口爆渣为何种形式，在 $Q = 695\text{m}^3/\text{s}$（11 月中旬 $P = 10\%$）至 $Q = 1380\text{m}^3/\text{s}$ 流量下都无法将爆渣冲出导流洞，模型试验为工程施工及技术方案的编制实施提供了科学依据。

2.5.3　局部模型

局部模型相比于整体模型，模拟范围仅涉及将某个局部作为研究对象，根据需要选定

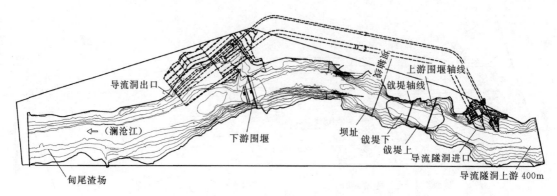

图 2-14 黄登水电站截流模型试验模型平面布置示意图

模型比尺，主要用于截流过程中可能出现情况的专题研究。国内实践过程中较为典型的事例主要有葛洲坝水利枢纽工程大江截流局部模型和三峡水利枢纽工程大江截流局部模型。

（1）葛洲坝水利枢纽工程大江截流局部模型。葛洲坝水利枢纽工程大江截流建立了1：60局部截流模型，专题研究大块体在各种边界条件下的稳定及其规律。

（2）三峡水利枢纽工程大江截流局部模型。三峡水利枢纽工程大江截流另建有1：40局部模型，专题研究了戗堤坍塌机理及其解决措施。

模型以龙口中心线为对称轴取左岸截流戗堤所在河床为试验河段，模型全长32m、宽3.5m，模拟了原型长1280m、宽140m的局部河段，为了提高模型几何相似精度，模型河道地形按1：1000水下地形图采用等高线法制作。

2.5.4 断面模型

当研究的问题可以简化为二维时，可以建立以原型断面为研究对象的模型，即断面模型。断面模型一般在水槽中进行试验。

三峡水利枢纽工程大江截流另建有1：20、1：50两个断面模型，试验研究三峡水利枢纽工程大江截流某些专题。1：20断面模型宽2.5m，模拟平抛垫底施工时开底驳抛投作业，专题研究深水抛投砂砾料的漂移特性；1：50断面模型宽1m，专题研究石渣料的漂移特性。

3 截流模型制作与安装

模型设计工作完成以后，模型试验就进入了模型制作与模型及设备安装阶段。模型整体制作及每个环节的精确性和相似性，甚至每个细节都对模型试验成果的准确性、真实性以及试验成果实际应用的成败有较大的影响。因此，模型必须按模型比尺进行精确缩制，精心制作，确保具备足够的精确度和光滑度。另外，在试验过程中，模型应确保不发生变形和漏水，边界条件不得随意改变，控制条件需符合实际。

随着我国水利工程建设事业的迅速发展和科学技术的不断进步，模型试验技术的水平也在不断地提高，本章主要叙述截流模型制作与安装等内容，包括截流模型地形制作、建筑物模型的制作与安装、控制及量测设备的安装三大部分。

3.1 截流模型地形制作

截流模型地形一般可用等高线法和切割等高线法（即断面板法）进行制作，下面分别予以叙述。

3.1.1 模型地形的制备

（1）地形的整理及拼接。截流模型的制作需要根据河道地形图与导、截流建筑物及其他水工建筑物的布置图进行塑造，因此，需要有完整的地形地质资料，包括水下及河道两岸地形地质图。如果材料不全，测绘日期不一致或者比例尺不全，则需要进行认真的整理、分析，采用缩放、插补等办法将地形地质图统一起来，作为模型地形的依据。

（2）地形的平面控制。地形拼接完成后，在图上规划控制模型平面位置的导线。导线网用于控制模型平面位置，主要由一条主导线和一条或多条左、右辅导线组成（见图 3-1）。

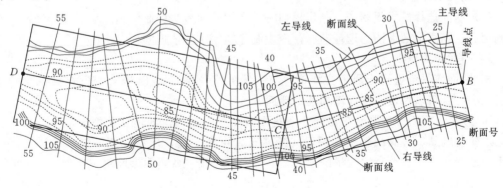

图 3-1 模型导线及断面布置图

主导线一般顺河势沿河道主河槽或河道地形中部位置，见图 3 - 1 中 BC 线、CD 线，它是模型平面的主要控制线以及河速测量、水尺位置、方案放线等的主要基准线。主导线一般由首尾相连的多股线组成（有支流情况下需要单独布置导线），为了减小累积误差，在能控制整个模型范围的前提下，宜少布置主导线。主导线两端点称为导线点，见图 3 - 1 中的 B 点、C 点、D 点，支流首段或末段的导线点常与干流的分流或汇流附近的导线点相同。导线点需要准确的平面坐标以便计算各段导线的准确长度。

辅导线主要用于断面走向定位，分设于主导线左侧和右侧，与主导线平行布置，间距根据具体的河段而定，见图 3 - 1 中的左导线、右导线。对于较宽的河道，为更好的控制单张断面板（单张断面板长度约为 2.4m），在一侧或两侧布置 2 条或更多的辅导线，导线间距常取模型上长度 2～3m。另外，为保证量取断面位置在同一零点位，主、辅导线两端需要用垂直于导线的直线连接。

导线网布置完成后，进行计算控制网的主导线长度、导线点之间组成的三角网格夹角、模型与原型的换算等，即平面控制计算。值得注意的是，三角网的最小角度不宜小于30°，角度宜采用度分秒表示，并精确到 0.1″。最后将导线网绘制为施工放线样图，标注原型、模型尺寸（见图 3 - 2）。

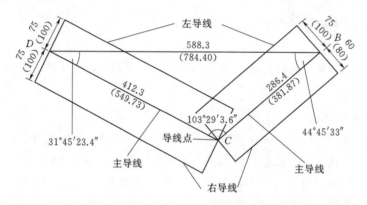

图 3 - 2　导线放样图（原型尺寸单位：m；括弧内为模型长度，单位：cm）
注：模型几何比尺为 1 : 75。

3.1.2　断面板法制模

（1）断面选择及样板制作。制作模型时，常用断面板法控制河道地形，即导线网的布置确定后，在水道地形图上选择断面，作为制作模型时的依据断面。

1）断面布置原则。

A. 断面应尽量垂直于河道主河槽，与导线的交角不宜小于 60°，与等高线的交角也不能太小，若难以保证，可以增加辅助断面。

B. 为准确模拟河道地形变化特征，断面密度应依据河道地形变化情况确定。对于河道地形变化剧烈、等高线较密的河段，断面布置可密一些，模型间距一般为 20～50cm；对于地形变化平缓、等高线较稀的河段，断面布置可稀一些，模型间距一般为 50～80cm。

C. 在河道发生突变的部位，设置断面控制，如河道的深槽、浅槽、桥梁、弯顶、突嘴、岸线凹进去以及出现突然扩宽或缩窄的地方。

2）断面布置与导线量取。

A. 先布置控制性断面，再按断面布置原则布置其余断面。

B. 断面布置完成后，标记断面编号，一般逢 5 或逢 10 处可作醒目标记。

C. 量取断面在导线的位置数据，即沿各自导线量取断面线与主、辅导线的交点到导线起点的距离。纸质测图可精读到图纸的 1mm、估读到 0.1mm；电子测图可精读到 1m、估读到 0.1m。断面导线测读记录见表 3-1。因图纸热胀冷缩效应以及绘制精度的极限，纸质测图测读距离常与计算距离不一致，此时需要采用式（3-1）进行平差。

$$L_{断平} = \frac{L_{导计}}{L_{导读}} L_{断读} \tag{3-1}$$

式中　$L_{断平}$——平差后断面沿导线与导线起点的距离，cm；

　　　$L_{导计}$——由两导线点坐标值计算的导线理论长度，cm；

　　　$L_{导读}$——由钢直尺在图纸上测读的导线长度，cm；

　　　$L_{断读}$——由钢直尺在图纸上测读的断面沿导线与导线起点的距离，cm。

表 3-1　　　　　　　　　　　　断面导线测读记录表

断面号	原型断面导线距离/m			模型断面导线距离/cm			备注
	左导线	主导线	右导线	左导线	主导线	右导线	

3）读取断面地形。断面导线读取和计算完成后，开始读取断面地形。断面地形由平距和高程控制，平距以主导线为零点往左右读取，通常往左为负，往右为正。为提高精度，读取高程时不仅要读取等高线，还要读取通过断面或附近的实测高程点，主、辅导线位置也需要读出。断面地形记录见表 3-2。

表 3-2　　　　　　　　　　　　断面地形记录表

断面号					
	原型		模型		备注
	平距/m	高程/m	平距/m	高程/m	

4）河道图绘制方法。河道图常有两种绘制方法：一种是高程图，即等高线和高程值均是统一的高程；另一种是高程图和水深图相结合，即水面以上部分地形为等高线和高程值，水面以下则为等深线和水深值。当采用高程与水深相结合的图纸时，则需认真读取左、右水边水位，然后将水深换算为统一的高程，水面横比降差异大的，还需要从左到右内插水位进行换算。特别是拼接的各幅测图实测时间、测时水位不一致时，需要注意其绘制水位的差异。

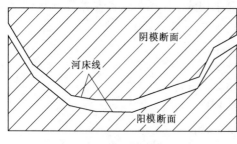

图 3-3　阳模断面与阴模断面图

5）断面板的绘制与裁切。常见的断面板形式主要有阳模断面和阴模断面两种。在一张层板上绘制一条河道横断面的河床线，必将其分为上、下两部分（见图 3-3），其下部分为凹形模板，即阳模断面；其上部分为凸形模板，即阴模断面。断面板常采用层板、白铁皮、胶合板等制作，其中层板采用得较多。通常，阳模断面安装在模型地面，凹边朝上，可直接顺断面河床线敷设成模；阴模断面安装时悬挂在模型上方，凸边朝下，采用砖块、水泥浆或模型沙去迎合断面河床线成模，其优点是制模完成后可移除断面板。

以层板为材料的阳模断面的绘制和裁切过程如下。

A. 选材。层板太薄则易断易变形，若太厚则裁剪不便且费用增高，因此通常选用厚 3～5mm，长宽为 2.4m×1.2m 的层板，要求一面平整整洁，易于绘制和书写文字。

B. 搭建绘制平台。绘制平台台面用木材等易于钉入和拔除的材料铺平，平台的长度和宽度根据模型断面大小确定，高度需考虑人员站立舒适度。在平台下方固定一带斜面的木条。为保证三角板在同一基面上滑动，木条需要一定断面保持其刚性，其前沿需反复校核以保持为一直线；斜面用于粘贴量距离的钢卷尺或其他尺子，为保证读取距离的准确性，其前沿的厚度要与断面板和三角板的总厚度保持一致（见图 3-4）。

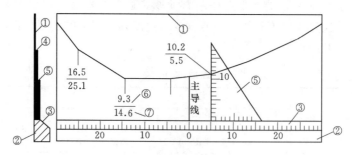

图 3-4　断面绘制简图
①—台面板；②—木条；③—贴尺斜面；④—断面板；
⑤—三角板；⑥—模型高程值；⑦—模型平距值

C. 确定绘制基面高程。基面高程一般取河段最低高程以下保留模型 10～15cm 处，从而保证模型断面板不致折断，并便于安装固定。如果整个河段最低高程的变化范围较大，可分段确定绘制高程。根据基面高程并按式（3-2）算出模型绘制高程。

$$z_m = 100(z_p - z_o)/\lambda_h \qquad (3-2)$$

式中　z_m——模型高程，cm；

z_p——原型高程，m；

z_o——绘制基面高程，m；

λ_h——垂向比尺。

D. 地形点点绘。将层板平放到绘制平台上，层板下缘紧贴木条前沿，并用小铁钉稍加固定，根据表3-2的计算资料，应用绘制平台和三角板点绘模型断面的各个地形点，并标记高程和平距及主、辅导线的位置，绘制精度保证1mm，估读到0.1mm（见图3-4）。

E. 断面地形校核和地形点连线。地形点点绘完成并认真校核后，用直尺逐点连接成完整的河床线。若断面较宽，需要多张层板拼接时，拼接处还需要画上拼接线。

F. 断面的裁切。断面的裁切常用锯截法和刀切法，也有采用制模机裁切的。锯截法主要是采用钢锯沿河床线裁掉不需要的部分，保留1/2河床线；刀切法主要是采用裁纸刀等刀类工具，将直尺紧贴河床线，然后沿直尺进行裁切；采用制模机裁切时，将断面资料输入电脑后，制模机会在断面板上自动点绘地形点，标注位置高程并自动裁切，与绘图仪绘图原理差不多，只是喷头换成了切刀。

锯截法裁切精度不高、转弯较急处难以控制；刀切法裁切精度较高，但断面板较厚时裁切困难；制模机裁切受地形变化的幅度和绘制范围限制，断面板摆放的平整度要求高，但具有制模精度高、速度快的优点。

（2）导线放样和断面定位。

1）模型位置的摆放。为了合理利用试验场地，可先将试验场平面图和模型平面图同比例套绘，再采用旋转、平移等手段，确定模型最佳摆放方案，并预留模型进口、出口段的范围和安装其他仪器设备所需的位置。

2）场地的平整。将模型场地平整、夯实，要求场地内高程或基面高程各分段内差异不大，无较明显的沉降。

3）导点线的初步定位。为大幅度缩小精确定位时的搜索范围，提高工效，保证精确定位的一次成功，在导线点精确定位之前，先要进行初步定位。

初步定位主要以相邻两个特征点（如棚柱的某棱边、量水堰的某角、房屋的某墙角等）为圆心，以各自特征点与导线点的距离为半径进行相交，即可获得导线点的初步位置，并打入木桩，在桩顶做好标记。为了减少系统误差，一般先从中间的导线点开始定位，见图3-2中的 C 点，然后用 C 点和试验场的某个特征点定位 B、D 点。导线点初步定位后，再对模型边界控制点进行初步定位，确定模型大致范围并进行检查、修正。

4）导线点的精确定位。模型平面由导线点组成的三角网控制，导线点是整个模型平面控制的基础，精度要求很高，三角网闭合差需控制在±20″范围内，导线长度误差控制在±5mm 或±0.02％范围内。

精确定位时，首先利用测绘仪器固定初步定位的 C 点，然后再固定 B 点，并调整至 B、C 点之间的距离准确，最后再用测绘仪器，根据导线放样图准确定位 D 点及其他导线点。另外，导线点埋设高程不宜过高或过低，低了操作不便，高了阻挡水流，一般埋设高程稍高出床面即可。

5）水准点的埋设。模型的高程由埋设的水准点网控制，水准点的高程值是确定模型地形的基准，需考虑水准点顶部与模型场地的最高、最低位置的高差以及模型断面绘制基面，如确定不当可能引起模型过高而使填方过大，或引起模型过低而增加挖方甚至使量测设备无法安装。

水准点需埋设在地面稳定不沉降、模型以外靠近模型的地方，以各方向能通视和模型居中部位为最佳。对于模拟范围比较大的模型，通常需要布设多个水准点形成控制网，其闭合误差需控制在±0.3～±0.5mm以内。

6）主辅导线的施放和断面的定位。导线点放样完成后，先在各导线点之间铺设导线面。导线面呈窄条形，沿导线铺设，常以沙、砖等为材料，顶面保持在同一水平面，高程略低于断面绘制基面高程1～3mm。然后在导线面上画出主导线，根据表3-1中确定出各断面在主导线的位置，并标注十字线和断面编号。同时根据左、右导线与主导线的距离，采用同样方法确定出各断面在辅导线的位置，并做好标记。辅导线的起点由架设在导线点处的经纬仪确定，与主导线是否平行可采用各点的最短距离相同且等于设计间距来确定和校核，必要时可应用勾股定理复核。断面位置误差要求不大于±1.0cm。

（3）断面板安装。模型内业工作、模型导线放样和断面定位完成以后，就可以开始断面板安装。

先将多张断面铺设在绘制平台上，对齐拼接线，校核地形点高程，保证各部分断面在同一基面上，然后再采用双面夹固对接缝等方式将断面固定在一起。

将拼接好的断面板安装在模型上，保证各地形点的位置和高程正确。断面需成铅垂面，且需用拉线法调整为一直线断面。经过初步固定后，采用水准仪检验各地形点高程是否正确，采用式（3-3）的方法计算地形点高程的应读数。

根据几何关系有：

$$z_s + 0.01\lambda_h h_s = z_0 + 0.01\lambda_h z_m + 0.01\lambda_h h_x$$

则：
$$h_x = h_s + \frac{100}{\lambda_h}(z_s - z_0) - z_m \tag{3-3}$$

式中　z_s——水准点高程，m；

　　　h_s——水准尺后视读数，cm；

　　　h_x——各地形点的水准尺前视应读数，cm；

　　　z_0——断面绘制基面高程，m；

　　　z_m——标注在地形点附近的模型高程，cm。

由于导线面与绘制基面高程基本一致，所以断面放上后高程差异不大，一般只需进行微小调整就能达到精度要求，然后全面固定断面。

断面安装平面精度要求不大于±1.0cm，高程控制在±1.0mm内，高程点的检验需要反复校核。

（4）地形的塑造。断面拼接安装完成后，开始进行地形塑造。地形的塑造主要包括边墙的砌筑、模型的填筑压实、模型表层的敷设和地形的塑造、微地形的塑造、特殊地形的塑造、其他辅助工作以及动床模型、水工模型空间的预留。

1）边墙的砌筑。边墙一般采用方砖砌筑，需包围模型边界。边墙的高度一般要超过试验最高水位10cm以上，边墙的厚度和砖柱间距要能确保结构稳定，边墙平面布置尽量采用折线。

2）模型的填筑压实。将河沙、弃土等填料均匀铺入断面板之间，并用水浸湿后逐层压实，压实后填料与断面河床线之间高度预留5～8cm，用于敷设模型表层。

填料夯实应注意观察断面板扭曲变形，因填压密实过程中可能会引起断面的升降，所以对断面地形需要再次校核，高程精度视具体情况可控制在±1mm或±2mm内。

3）模型表层的敷设和地形的塑造。一般采用水泥砂浆分两层抹制表层，第一层厚3～5cm，尽力压实以达到承重和防渗的作用；第二层厚2～3cm，水泥砂浆需要有较好的和易性。在敷设第二层的同时，采用刮削的方法，以断面板河床线为引导，准确塑造地形。为防止渗漏，高出模型以上的边墙内侧也需要用水泥砂浆抹面。

4）微地形的塑造。微地形（如较小的孤石、礁石、石梁、突嘴等）对于满足河床阻力相似至关重要，但其在断面上难以体现，因此需参照地形图进行精密塑造。

5）特殊地形的塑造。特殊地形主要包括已建的丁顺坝、桥墩、码头等阻水、临河建筑物，地形上一般无细部构造，需要依据施工图进行细致塑造。

6）其他辅助工作。主要工作完成后，需在边墙顶部刻画断面位置、标上断面号、砌筑工作人员上、下模型的梯坎，在模型最低处设置排水管等辅助性工作。

7）动床模型、水工模型空间的预留。对于在试验过程中反复开挖河床的动床模型或水工模型，需在开挖范围内预留相应空间。模型分上、下两层制作，下层的范围和高程需满足最大开挖的深度，其表面需抹3～5cm的水泥砂浆与非开挖部分形成封闭的防渗和承重边界，上层的安装和塑造方法与前面相同。

完成模型的安装后，还需进行埋设水尺、模型初步加糙等工作。初步加糙主要依据糙率相似计算的模型糙率进行，密排加糙时应预留2～3倍加糙粒径的模型高度。

3.1.3 等高线法制模

（1）制模工艺流程。等高线制模的原理，即以点连线，以线连面。首先在模型上分别做出一条条表征地形、地貌的等高线，这些等高线是通过放置等高线点连接而成的。然后把这些等高线用砖块、水泥浆连面而成地形。因此，如何在地形图上取点、定位，以及怎样在模型上控制和放置等高线，是准确、快速复制地形的关键。

等高线制模时首先要确定等高线条数，然后进行等高线地形点在图上定位、读图、计算以及校核工作，最后按模型上控制网点把等高线点放出，连点成线，连线成面。

等高线法制模的精度主要取决于地形图比尺、模型比尺、地形点的定位控制、量图精度和制模工艺水平。

（2）制模步骤。

1）确定等高线条数。用等高线法制模是以线连面成地形的。等高线施放条数越密，地形越接近天然实际，但要同时考虑到模型施工的方便和工效问题。例如在三峡水利枢纽工程坝区泥沙模型制作过程中，因三峡库区地形由群山沟谷组成，故如何取等高线制模要视具体地形而定，以连线成面时不使模型地形失真为准。在模型1∶150比尺条件下，采用了高程每 20m 取一条等高线，而对河谷地形和局部地形采用施工现场另行插补的办法，从而在满足精度的要求下提高了工效。

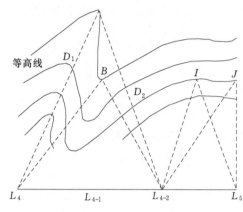

图 3-5 等高线法制模步骤图

2）地形点定位。等高线上地形点的位置是根据其与导线网中最靠近该点的导线端点和增设的导线辅助控制点共同定位的，由直线交会法确定（见图 3-5 中 L_4、L_5 是导线点，L_{4-1}、L_{4-2} 是辅助控制点）。为保证地形点的定位控制精度，地形点定位控制的直线交会的交角 α 一般以 45°～120°为宜，模型拉尺距离以 2～20m 为宜。

3）读图。即把计划放置的每条等高线以上述定位方法逐点量读下来。读图的重点是取点原则，即在每条等高线上取点。应使相邻两点间的等高线为直线段，即每条等高线上的拐点一定要选取。此外，读图制表时，量距要精确可靠，尽量读到最小单位，保证导线控制点与等高线点的定位关系的精确度。再者，在等高线上取点时要保持其沿导线方向的一致性。

4）计算与校核。在图上读下来的数据是原型数据，要按模型比尺换算成模型数据。校核工作是等高线法内业工作的一个重要环节，读取的数据资料要两人进行 100% 比对，换算成模型数据的结果也要校核，以确保内业工作正确无误，为模型放样即外业制模提供可靠数据。

5）地形点放样。等高线放样时，从最低一条开始，依次向最高的一条施放。第一条等高线就是河床各断面边缘的连线，按内业所计算的两导线点（或辅助导线控制点）与所放点的直线距离（见图 3-5 中 L_4、L_{4-2} 与 A 点距离 D_1、D_2 值，依次类推）用钢尺进行水平直线交会，交会点即为地形点在模型上的平面位置。由此点向模型上投影时，可用垂球吊线定位，用水准仪控制该点高程。

模型放样时，水平尺是否拉水平，交会是否正确，对地形点的定位控制精度有很大影响。用目测法把钢卷尺拉平，用力拉尺以减小尺的弯曲度。经检验证明，水平拉距为 10m 长时，若拉尺不水平，一端偏差 $\Delta z = 150mm$ 时，水平尺误差为 1.1mm。通过练习，完全可以将 Δz 控制在 150mm 以内，使误差在允许范围内。

（3）等高线制作及校对。

1）制作等高线。用直线交会法插上地形点标签 1、2、3、…、n，沿地形点走向立碎砖，平整面朝上，相隔若干块用水准仪定点高程。这样做等高线上的地形点不需要逐点测量高程。初测高程时，使测点高程比其准确高程约低 2cm 左右，然后在测点砖顶面垫一小块玻璃片，精确测量控制其高程，使误差小于 3mm。用水平尺为参考，在顶面抹一层水泥砂浆，抹成水平面，再沿砖顶外边侧面抹 2cm 水泥砂浆，做成等高线砖埂，最后再复测等高线砖埂高程，修正抹平（见图 3-6）。

在做等高线时，凡新填和新挖的沙体，做地形前事先都要浇水沉实，施工时要严格按工艺进行，做好施工组织工作。

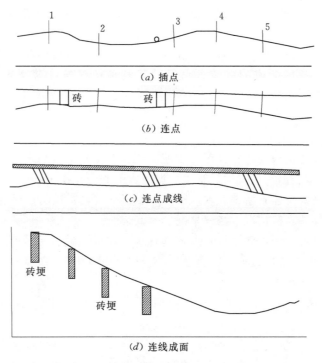

图 3-6　地形点与导线控制点关系图
注：1、2、3、4、5 为地形点标签。

2）校对等高线。校对是一道非常重要的工序，一定要由有经验的技术人员负责。校对时需将地形图上的原有等高线与放样出的等高线进行比较，检查其走向、弯曲方向是否与图一致。河床部分地形、导线控制网、等高线间相互关系都是对照查询的参考依据。

（4）塑造地形。相邻两等高线砖埂放出后，经检查无误，方可连线成面，做出两线间地形。对于两线间较宽的地方，可对照着地形图插补出中间的等高线，对于有局部地形的地方要现场做出，以提高模拟地形的逼真度。

其他辅助工作、动床模型及水工模型空间的预留、埋设水尺、初步加糙等工作与断面板法类似。

3.2　建筑物模型的制作与安装

对于截流模型试验而言，需要制作的建筑物模型一般为导流明渠、导流洞、导流底孔等导流建筑物模型。应用于实际施工的导流建筑物模型通常制作成实体模型，对工程结构进行准确的模拟。

3.2.1　制作材料的选用

可供选用的模型制作材料有木材、水泥、有机玻璃、硬塑料板和金属材料等。建筑物模型水下及岸边地形部分的制作常用砖、砾石、砂及水泥砂浆等材料完成；导流明渠、泄洪导流洞等泄水建筑物通常使用有机玻璃制作,以便观测流态。模型边墙可用砖砌或预制装配边墙。

(1)水泥砂浆。水泥砂浆采用由水泥、细骨料和水,以及根据需要加入的石灰、活性掺合料或外加剂在现场配成的砂浆。水泥砂浆及预拌砌筑砂浆强度等级可分为 M5、M7.5、M10、M15、M20、M25、M30;水泥混合砂浆的强度等级可分为 M5、M7.5、M10、M15。

采用水泥砂浆制作模型的优点如下。

1)能够严格按比例模拟现场情况,水泥砂浆在初凝前和易性很高,所以可制作各种模型的扭曲面和模型表面,且凝固后受水和温度影响的变化很小。

2)过水情况良好,能真实地反映现场流态、压力(含正压、负压及真实现场)。

3)能很好地反映素流情况、掺气情况、水跃情况。

4)因其加工过程中埋设测试设备方便的优势,在模型制作完成后,不仅能在感官上反映水力学状态,更能通过数据反映出设计的合理性以及生产中应当注意的各种问题。

5)造价低且工艺简单。

水泥砂浆制作模型的不足之处在于:糙率高、不透明、无助于观测、成型固化较慢、外观整洁性差等。

(2)有机玻璃。有机玻璃是一种高分子透明材料,化学名称为聚甲基丙烯酸甲酯,是由甲基丙烯酸甲酯聚合而成的高分子化合物。有机玻璃是一种开发较早的重要热塑性塑料,其主要优点如下。

1)光滑、糙率小。

2)具有较好的透明性,便于试验观测。

3)具有较好的化学稳定性,在加热情况下可塑性较好,便于造型。

4)具有较好的力学性能和耐候性,常温情况下有一定刚度,不致随意变形。

5)易染色,易加工,外观优美。

有机玻璃制作模型的不足之处在于:与河床材料的相似性较差,受水和温度影响的变化较大,造价较高等。

3.2.2 制作与安装要求

模型的制作与安装应满足有关规定和限制条件,并需要注意缩小缩尺影响。

(1)模型制作要求。

1)制作模型前,应绘制模型总体布置图、结构物模型详图、水力要素测点布置图,并提出模型加工及安装要求。绘制模型总体布置图和结构物模型详图,是模型制作和安装的依据。为了避免制模和安装产生差错,结构物线条和尺寸应清晰,提出的要求应具体明确,图纸应有绘图者和校核者签名。水位要素测点布置图用于定位水力要素的测量位置,水力要素包括水位、流速、压强等。

2)模型制作应考虑周全,避免不必要的返工,保证试验进度。制模时应保持结构稳定、安全,并进行必要的结构稳定和安全校核。模型制作、试验、弃渣等均应满足环保要求。

3)在整体模型中,有动床冲刷试验要求时,要求预留动床部分,应根据提供的动床地形资料,在放水试验前进行模拟,预留动床范围应以不影响动床试验成果为原则,并满足模拟冲刷情况的需要。

4）非明渠导流建筑物（各种封闭式导流泄水建筑物，如导流隧洞、导流底孔、导流机组段等），当需要观测建筑物内部水流流态时，模型应选用透明的制模材料，以便于观察流态。

5）模型制作完成后，应检查和校核，有完整的书面记录，以保证模型制作的正确性及追溯性。

6）截流抛投材料的制作，应满足块体形状和重量相似；人工截流材料的制作，还应满足截流抛投材料的表观密度相似。

（2）模型安装要求。模型安装应用经纬仪、水准仪、钢尺或全站仪等控制，并应满足以下精度控制要求。

1）平面导线布置应根据模型形状和范围确定，导线方位允许偏差为±0.1°。导线通常沿模型边墙布置，形成封闭导线网。若模型过大，可在重要地段增设支导线。

2）水准基点允许误差为±0.3mm。水准基点应选在视野较好、不易人为破坏之处，基座应保证不变形，高程应合理设置，并尽可能取整数。

3）局部模型高程和宽度允许误差为±0.3mm，长度允许误差为±5mm，整体模型地形高程允许误差为±2mm，平面距离允许误差为±10mm。

4）试验中模型形变应不超过1%，漏水量应不超过试验最小过流量的1%。

模型安装应进行必要的结构稳定和安全校核。安装完成后，应检查和校核，并有完整记录。

（3）模型制作校核与验收要求。

1）模型安装完毕，应进行全面质量校核，并有完整的记录。

2）校核完毕后，应进行试水，发现问题及时采取补救措施。

3）对于大型或重要的工程模型，应组织技术验收。

3.2.3 制作与安装

建筑物模型以水泥砂浆模型和有机玻璃模型为主，下面主要阐述这两种模型的制作和安装方法。

（1）水泥砂浆模型制作。

1）制作流程。

A. 定位放样：根据图纸、模型及现场情况的测量数据进行定位放样。

B. 预埋件埋置：根据需要进行预埋件的埋置。

C. 骨架及钢网片制作：根据模型形状，合理地进行骨架的制作，将钢丝网片牢牢固定在骨架上，塑造出凹凸起伏的自然地形。

D. 毛坯制作：控制模型的形体粗略尺寸、角度，在毛坯完成之后立即进行压砂。

E. 埋设测试仪器：根据试验测试内容，埋设相关测试仪器。

F. 精浆刮制：第一次精刮以整体形状的初步完善为目标，在接下来的刮制中，采取稀细浆加干灰交错的方式进行反复刮制。

G. 养护、拆模。

H. 模型加糙、表面抛光。

2）制作材料。制作材料为水泥、砂石、钢筋等。建筑物部位采用强度等级为52.5级水泥，其他部位可以根据重要程度分别采用32.5级或42.5级水泥；砂石料为筛除粗骨料的细砂，钢筋按照模型部位选用。

3）制作设备。包括刮床、刮刀、平铲、钢尺、直角钢尺、毛刷及拌和水泥砂浆的相关工具。

4）制作方法。利用携带模型样板的移动式车架在轨道上来回拖动水泥砂浆，经过多次反复干湿交替刮制。

A. 设置骨架：根据模型的形状，合理地布置骨架。

B. 毛坯的制作：在搭建好骨架之后，就开始制作模型的毛坯，该部分的制作主要以堆形体为主，控制模型的形体粗略尺寸、角度。在毛坯完成之后立即进行压砂工序。

C. 埋设钢筋：钢筋一般分为横向和纵向两种，横向钢筋的长度一般为模型宽度减去2cm，即各端各留1cm的余量，纵向钢筋两端比模型长度各短3cm；一般小型和长度较短的模型采用 ϕ6mm 的，而略长的（超过30cm）取 ϕ8mm，并要适当进行预弯、搭接。在埋设完钢筋之后，要进行整体模型尺寸的控制，多余部分需要进行切割，再在截断处插入塑料薄片隔断。完成以上工作后，即进行必要的测试仪器埋设。

D. 细浆精刮：第一次精刮依据毛坯和刮刀形状进行填浆，以整体形状的初步完善为目标，力争在第一次刮制过后形体无须再次修整。在接下来的刮制中，采取稀细浆加干灰交错的方式进行反复刮制，最后一次精刮一定要采用细浆，以保证模型的光洁度。

E. 养护：一般养护周期控制为24h，冬季1周之后拆模，夏季4天左右拆模。

F. 拆模及切割：采用橡皮材质的，在不同的连接部位反复敲打，直到有效部位完全分离后脱模；然后用油石进行处理，包括打磨、裁边、矫正角度、修补等。

G. 表面抛光：为保证制品的光洁度，可将制品浸在水中，用细砂磨石磨光，再用石蜡抛光。

（2）有机玻璃模型制作。有机玻璃用于导流明渠、泄洪导流洞等泄水建筑物的制作。

1）制作材料。模具的制作材料主要是木材，可就地取材，但其硬度、加工容易性需满足试验要求，制作材料也可为混凝土。模具表面一定要光滑，尺寸也要准确。

有机玻璃可用恒温干燥箱加热，在加热过程中要控制好温度与时间，避免温度过高、时间过长导致有机玻璃变色、面积缩小、厚度增加。通常厚度4.5mm的有机玻璃，持续升温时间需控制在5～10min内。

2）制作方法。主要有两种方法：一种是直拼法，属于直接制作模型的方法；另一种是模具法，属于间接制作模型的方法。直拼法只适合于方直形建筑物模型，如无圆角的矩形、梯形等。模具法应用较广，可制作扭曲面、1/4椭圆、圆弧、平面转弯圆弧、圆变方或方变圆、WES堰、驼峰堰等复杂体型的水工建筑物模型。

A. 直拼法，即按照模型各部件的尺寸下料，如矩形引水渠的两边墙、底板等，然后将各部件直接黏结为模型整体。

B. 模具法，即按照模型的形状、尺寸，采用木材、混凝土等制作实体模型，然后以此模型为模具，将加热后的有机玻璃顺模具外缘面压制成模。应用模具法时，应根据具体情况来确定模具是否需要预留有机玻璃的厚度。

模型制作完成后，需检验其制作精度，尺寸精度要求为±0.2mm。

（3）安装方法。模型制作和精度检验完成后，需将其准确安装在河道模型上。为了给安装定位和高程检验提供方便，在安装之前，可在模型特征位置作一些标记；同时根据研究的需要，在指定位置钻设测压孔，测压孔要求一般较为严格，应确保过流面顺滑，不影响水流条件。

模型定位仍以导线点和导线、水准点为基准，应用测绘仪器将模型平面位置、轴线走向、各处高程确定准确后，固定模型。

模型安装完成后，需恢复被破坏了的河道地形，注意不要破坏河工模型制作时预留了空间的防渗层。

3.3 控制及量测设备的安装

截流模型固定式的控制及量测设备主要包括量水堰、尾门、测针、加沙机等，非固定仪器主要包括流速仪、含沙量仪等。

3.3.1 量水设备

量水设备用得较多的是矩形、三角、复式等薄壁堰，巴歇尔（Parshall）槽用得不多，有些动床模型和非恒定流模型，也用电磁流量计、超声流量计等。量水堰的关键部件是堰槽和堰板。建造量水堰时，堰宽、堰高、堰上水头范围等不应超出相应堰型的适用条件，除此之外，还需满足如下要求。

（1）三角堰堰槽宽度应为3～4倍最大堰上水头。

（2）矩形堰堰板高度应大于堰上水头的2倍。

（3）堰板应与堰槽垂直正交，堰板顶部应水平。

（4）堰槽应等宽，槽壁长度可稍超过堰板位置。

（5）矩形堰板与堰下水舌之间应设通气孔，堰板下水位与堰顶高差不宜小于7cm。

（6）消浪栅应设置在堰板上游10倍以上最大堰顶水头处。

（7）水位测针孔应设置在6倍最大堰顶水头处。

3.3.2 引水槽和前池

为保证模型进口水流稳定、平顺，避免量水堰的水舌直接跌入模型，需要修筑一段引水槽，再连接到前池，最后由前池将水流平顺过渡到模型进口。一般要求前池长度与模型进口河宽相同，深度可取模型最大水深的2～3倍，前池越大、越深，水流越平稳。前池水面常抛掷木栅、木排或其他漂浮物用以消浪，在模型进口需均匀排列小树条、埽枝等，或砌筑几道透水花墙使模型进口水流均匀。

3.3.3 尾水池和尾门

尾门的作用是控制模型出口水位，即尾水位，尾门是模型试验中重要的下游边界。常用的尾门有翻板门和百叶门。翻板门水流由顶部溢出，属于堰流，通过升降顶部高程达到调节水位的目的，要求顶部水平；百叶门与百叶窗类似，通过叶片的开度来调节水位，属于孔流。相对比较而言，翻板门调节方便，水面稳定。另外，常需在尾水池侧安装带阀门的排水管，称为尾门微调，主要是对尾水位进行细微调节，以提高其精度和方便性。

尾水池接模型出口，位于尾门上游，其作用是接纳模型水流使其均匀从尾门顶部下泄。尾水池长度与模型出口河宽、尾门长度相同，深度和宽度要求不高，可与模型高度一致。

3.3.4 测针

测针是进行模型水位测量常规仪器，其主要由测杆和测座两部分组成。测杆带有针尖和精度 1mm 的刻度；测座带有测杆槽、游标尺和用于固定的螺丝孔、微调手轮等，测杆可插入测杆槽自由地上下移动。测针安装的主要步骤如下。

（1）选择测针量测范围。

（2）选择适当的安装位置，大多选择与水尺较近的位置。

（3）选择恰当的安装高程，其高程应保证能测读到模型最高、最低水位。

（4）架设固定基座。一般紧靠模型边墙砌筑两根砖柱，砖柱间架设型钢固定测针，其下放置测针筒。

（5）安装测针。将测杆套入测座，固定在型钢上，测杆保证铅直。

（6）测量测针零点。测针零点也称测针常数，表示测杆的零点与测座上游标尺的零点重合时测针尖的高程，量水堰的测针零点则表示杆、座零点重合时针尖与堰板顶之间的高差；测针零点需通过高精度水准仪反复测量 2～3 次，每次偏差不超过±0.3mm，然后取其平均值。

（7）连通水尺：用橡胶软管将测针筒与埋设水尺时预留在边墙外的紫铜管连通。

控制及量测设备的精度要求见表 3-3。

施测对象	测试仪器	精度要求	注意事项
水面水位	水位测针	测针零点高程的精度应控制在 0.2mm，每 1 测次，应重复测读 2～3 次，取其稳定值或平均值，测读精度应达 0.3mm	测杆应安装牢固，并保证铅垂方向，试验前应检查测针及连接管，不应有堵塞及漏水现象
	自动跟踪水位仪	率定曲线的偏差系数 $C_t = \sigma/\mu$ 应不大于 5%	水位计测杆应安装牢固，并保证铅垂方向；测试前应按有关规定，进行自检率定，试验量测区间应在率定曲线的直线部分
流量	量水堰板	遵照量水测针精度控制要求，流量误差应不小于±1%	按有关规定的技术要求进行量水堰板的安装；待流量稳定后，方可测读上游测针读数；按不同堰型的率定曲线或有关计算公式推算模型流量
	文德里量水计	测量误差应小于±2%	按有关规定的技术要求进行文德里量水计的安装；应定期进行自检率定，画出流量率定曲线
	电磁流量计	流量误差应小于±1%	按有关规定的技术要求进行电磁流量计的安装；控制阀一般安装在电磁流量计的后面，流量计前后的直管长度应没满足要求

施测对象	测试仪器	精 度 要 求	注 意 事 项
流速	毕托管	1) 自检率定,当雷诺数在 $Re=3300\sim360000$ 范围内时,流速系数 $\phi=1$,误差控制在 $1\%\sim2\%$ 之间; 2) 每1测次,应重复测度 $2\sim3$ 次,取其稳定值或平均值;比压计水头差测读精度控制在 3mm 以内	试验前,应检查毕托管和连接管,是否堵塞或漏气;在静水中进行充水排气,使比压计两端水柱同高;在不进气条件下,将毕托管放入施测位置的水体中,对准流向,以比压计的压头差值最大读数记录
	旋桨流速仪	1) 自检率定,率定测点应不少于 15 个,应满足 75% 以上测点,偏差不超过 $2\%\sim3\%$; 2) 每1测点记录应不少于 $4\sim5$ 次,每次采集时间应不少于 $5\sim10s$; 3) 断面流速选加计算,与实测流量比较,两者误差应不超过 5%	每个测流断面测度应不少于 3 条垂线;每条垂线测点应不少于 3 点
压力	测压管	1) 用水准仪测定各测点及测压板零点高程,测读精度应达 0.3mm; 2) 在静水校验测压管液面与测点高程一致,误差应不超过 0.5mm; 3) 流态稳定后,方能测读,每1测次,应重复测度 $3\sim4$ 次,取其均值或稳定值,测读精度应控制在 3mm 以内	按有关规定的技术要求安装测压管,每次试验前应检查测压孔和测压管是否符合要求;用清水驱赶测压管与连通管中的气泡;传感器的安装应符合有关规定
水下地形	水下地形测量仪	地形分辨率应不大于 0.1mm,测量精度应不大于 0.3mm,起点距离误差应小于 10mm	

4 截 流 模 型 试 验

在截流模型试验的前期准备工作中，模型的制作是模型试验的基础性重要步骤，其质量的好坏，对试验成果的精度有很大影响，应充分重视。该过程分为内业工作和外业工作。在模型施工前，做好内业工作，包括地形图的整理及拼接、地形图的平面控制、断面选择和样板制作。内业工作及材料准备好之后，就可以进行模型制作的外业工作，即放样后进行模型制作和安装等工序。

按照试验项目的要求完成模型的规划设计、制作、安装后，应对模型进行试水、糙率校正和验证试验，使模型能达到所要求的相似条件。然后通过大量的试验操作，对模型水流中的有关各项试验数据予以测定、记录、汇总整理分析，达到判别预期设想效果的目的。对工程实践中提出的水力学问题，可以运用模型试验成果，对原设计布置方案的优点、缺点或工程存在的不足之处得出科学的论证，并针对存在的问题提出修改意见，最终求得最佳的改进方案。所以，将模型试验结果引申应用到原体工程，成为保证工程设计经济合理与运行安全可靠的有力工具，而试验操作是实施水工模型试验的基本手段。

由此可见，试验操作既是整个水工模型试验过程的主要组成部分，也是凭借模型观测天然水流形态和详查人工造就水流运动的技术过程。故而在试验操作中所采用的测验方法是否恰当，与资料的准确性、工作效率的高低等有密切的关系，应给予重视。同时，试验工作人员对待试验操作要细心谨慎，否则难以取得最优试验，而且模型试验中如发生细小的差错，引申到原型可能会导致重大的损失。

4.1 试验准备

截流模型试验不同于一般的试验，投入的人力、物力相对较大，为了保证顺利完成试验任务，在进行试验之前，要从技术、设备、仪器、材料、人员及其他等方面做好准备工作，为试验创造条件。

4.1.1 技术准备
截流模型试验技术准备工作较为复杂，它包括但不限于以下内容：
（1）收集模型试验各项技术资料。
1）截流模型试验图纸。
A. 枢纽平面布置图。
B. 截流布置图。
C. 分期导流布置图、上下游围堰（截流戗堤）围堰纵横剖面图。
D. 导流建筑物平面布置及其结构图。

E. 围堰（戗堤）轴线地质剖面图。

2）河道沿程各水文测站位置坐标及水位流量关系曲线。

3）坝址区1：500地形图、水下地形图。

4）坝址区河床冲积层颗分试验有关资料。

（2）掌握模型试验设计文件和相关标准（如规程规范等）。

（3）编制截流模型试验大纲。

1）确定试验目的和对象。

2）分析试验条件。

3）明确试验项目及内容。

4）确定试验技术要点和研究方法。

5）规划试验过程及预期成果。

6）提交成果分析及结论。

大中型水利水电工程的河道截流，一般都要进行模型试验。不同的水利水电工程，会针对试验的目的，结合工况，确定具体的试验内容，编制试验大纲。例如向家坝水电站工程二期截流（跟踪）模型试验研究，在试验大纲中明确指出试验研究目的及任务，具体内容如下。

A. 截流时段与截流标准研究：选择最佳的截流时段和合理的截流标准。

B. 截流方式比选研究：比较单戗单向立堵［右岸（或左岸）进占］与单戗双向立堵（一岸以进占为主；另一岸以进占为辅）两种截流方式，确定最佳的截流进占方式。

C. 测试龙口水力要素（流速、龙口流量、落差、单宽功率等），研究龙口水力要素随龙口宽度的变化规律。

D. 截流戗堤形态及其轴线位置选择，戗堤预进占程序、裹头形式与相应的水力学条件研究。

E. 戗堤各进占阶段中（包括非龙口段、龙口段各分区）截流抛投材料类型、尺寸、抛投方式与强度、抛投料的稳定性及其流失量的研究。

F. 研究各级流量下戗堤上下游及头部边坡的稳定坡度，测试龙口下游的冲刷深度及冲坑范围，并根据龙口水深及边坡稳定情况，提出相应的工程措施。

G. 比较截流前平抛护底与不护底方案的优缺点，并测试其对通航水力条件的影响。确定平抛护底的施工时机、形式、范围、厚度及平抛材料类型、尺寸、流失量等。

H. 研究一期上、下游土石围堰拆除形象、堆渣、淤积等对导流底孔泄流能力的影响，确定截流与度汛期间一期围堰拆除的最小口门宽度。

其试验研究的主要任务如下。

A. 观测各工况流量下龙口水力要素（包括分流建筑物泄流能力、流量分配、戗堤上下游落差、流速分布、单宽功率等）随龙口宽度的变化规律，并提供最大流速及戗堤上游挑角附近最大流速出现时的龙口宽度。

B. 通过模型试验论证各工况下龙口位置的合理性。

C. 根据河床覆盖层粒径和预进占时抛投料粒径（抛投混合料粒径小于20cm），以进占抛投料和覆盖层不流失为限，测定龙口宽度，并根据水力学指标及截流合龙的经济合理性等，研究预进占戗堤的合理高度及预留龙口的合理宽度。

D. 根据上述方法确定的龙口合理宽度，研究戗堤边坡的稳定性，确定截流各阶段抛投材料的类型、粒径、重量、数量、流失量以及截流对抛投强度的要求，并提出流失系数；测试戗堤的稳定边坡；测定龙口及其下游的冲刷深度及范围，经过范围、形式等优化论证，提出相应采取的护底、裹头等工程措施。

（4）确定试验技术要点和研究方法。根据试验内容，划分试验阶段，明确每一个阶段的技术要点及任务。同时，确定每阶段试验方法，包括操作方法，观测指标，测量仪器、设备，数据处理方式等。

4.1.2 设备、仪器及材料准备

按照《水利水电工程施工导流和截流模型试验规程》（SL 163）的规定，施工导截流模型试验一般在试验室进行，可利用试验室的供水、回水系统及设备，但当试验在施工现场或室外场地进行时，应按照需要设计合理的供水、回水系统。

试验使用的仪器仪表，应符合试验精度、使用环境等要求，凡在市场购置的，应有国家或行业技术监督部门颁发的合格证；自行研制的适合试验测试应用的仪器仪表应经相应的技术监督部门鉴定合格方可使用。有关对试验设备及量测仪器的其他要求按水工常规模型试验规程执行。试验前对量水堰、量测仪器仪表进行率定，保证满足试验精度要求。试验前对模型测控系统检验校核，以保证其正常使用状态，动床模型试验冲水过程中，应不扰动原状沙面地形，同时，做好各项记录准备工作。在截流模型试验中，一般要对水面水位、流量、流速、压力、水下地形等指标进行观测，针对不同的指标，观测仪器各有不同。图 4-1～图 4-6 是一些常规试验观测仪器的实物图片。

图 4-1　水位测针

图 4-2　旋桨式流速仪

图 4-3　WSH 型气介式超声水位计

图 4-4　FW390-1 型长期自记水位计

图 4-5　电磁流量计　　　　　　图 4-6　电子流量计

除此以外，在模型试验中，也常常使用自动水位控制仪、数字摄像机等。

根据截流试验的需要，准备各种模型抛投材料。模型抛投材料应按设计提供的粒径级配进行模拟，同时应满足块状形体和重量相似。

4.1.3　人员及其他准备

截流模型试验通常由专门的研究团队完成，团队中应包括技术负责人、试验负责人、主要研究人员等，要求研究团队熟悉相关专业理论，熟悉试验大纲和试验方法，明确每个人的试验任务，在试验前做好各项记录准备工作。

（1）试验人员配置要求。

1）截流模型试验室应根据试验内容、规模、时间要求和工作距离等因素，科学合理地配备试验人员数量，确保试验工作正常、有序开展。所有试验人员均应持证上岗，试验人员专业配置应合理，能涵盖试验涉及的专业范围和内容。

2）试验负责人应由组织协调能力强、专业理论过硬、实践经验丰富、信誉良好的人员担任；参与试验室工作的人员要求信用好、责任心强。

3）试验室负责人对试验室运行管理工作和试验检测活动全面负责，负责人必须是母体试验检测机构委派的正式聘用人员，且须持有试验检测工程师证书。

4）现场试验员在试验室负责人的领导下开展工作，试验员必须积极参加系统组织的业务学习和各项考核。

5）试验期间要确保人员在岗，要轮班做好试验工作内容的交班，值班人员严禁脱岗，确保连班跟班作业，并做试验测定记录和值班记录。

（2）试验人员岗位能力要求。

1）试验室负责人应掌握一定的管理知识，有较丰富的管理经验，能够合理、有效地利用试验室配备的各种资源；熟悉质量管理体系，具有较好的组织协调、沟通以及解决和处理问题的能力。

2）试验工程师应具有审核报告的能力，能够正确使用标准、规范、规程对试验结果进行分析、判断和评价，具备异常试验检测数据的分析判断和质量事故处理的能力。

3）试验员应熟练掌握专业基础知识、试验检测方法和工作程序，能够熟练操作仪器设备，规范、客观、准确地填写各种试验检测记录和报告。

4）设备管理员应熟悉试验检测仪器设备的工作原理、技术指标和使用方法，具备仪器设备故障产生的原因和对试验检测数据准确性影响的分析判断能力，具有对仪器设备简单维修、维护保养的专业知识和能力。

5）样品管理员应掌握一定的质量管理基础知识，熟悉样品管理工作流程，取、留样方法、数量和方式等，能够严格执行样品管理制度，对样品的整个流转过程进行有效控制，确保试验检测工作顺利进行。

6）资料管理员应熟悉国家、行业和建设项目有关档案资料管理基础知识和要求，能够认真执行档案资料管理制度，及时、规范完成资料汇总和整理归档等工作，并不断完善档案资料管理。

试验室应根据配置人员的实际情况，可设置专职人员，也可由兼职的试验人员履行设备、样品、资料管理员相应岗位职责，前提是试验人员要具备相应能力。

（3）试验技术交底。试验前，技术负责人或试验负责人需对试验人员进行详细的技术交底，交底的主要内容如下。

1）试验编制的主要依据，如技术规范、设计文件、设计图纸等。

2）试验的组织机构、人员分工情况。

3）试验选用的设备情况。针对试验任务的要求，需选择合适的测量仪器与设备，力求使用方便、量度适中、精度满足要求。

4）试验的程序及方法。试验需合理安排试验组次。在观测部位精心部署施测断面、测线与测点，防止缺测、漏测。尽量做到在每一种规定的试验条件下，能一次测取全部所需资料。

5）试验量测要求。保证试验资料的准确、真实、可靠，避免量测上的错误，在允许的误差范围内，尽可能达到精度要求。

6）试验记录要求。认真做好试验记录，随测随记，不允许任意涂改。试验组次和量测数据较多时，应按统一记录格式记录，防止漏记和遗失，保证原始记录资料的系统性和完整性。要注意加强对流态的观测，有详尽的素描和记述，对重要的试验成果应进行照相和录像，便于保存备查。对试验过程中的水温和其他重要环境资料应有记录。

7）资料的整理与分析要求。应在原始试验数据测取结束后，随即进行资料的整理与分析工作，以利于及时发现问题减少差错。同时，也可为下一步试验工作提供修改方向，并可与理论计算相对照，进行比较分析。

8）试验安全和防护措施。

4.2 试验步骤与方法

截流模型试验是施工水力学模型试验中的一个重要专项，因此，它与水力学模型试验或者水工模型试验的要求基本相同。

4.2.1 试验预备事项

（1）地形与建筑物的复核。对于水工模型，应根据地形图的大地控制坐标系统进行检查，主要复核上、下游最高水位以下的地形，对于动床模型，应检查动床冲刷料范围、高程、厚度及冲刷料级配粒径，对于采用胶砂材料研究岸坡冲刷的试验，胶砂材料的级配及铺砂后的动床地形，也需进行复核。此外，按照模型的控制坐标系统详细校核建筑物的轴线、桩号、主要控制安装高程、过流控制断面的几何尺寸等是否符合精度要求。

（2）供水和排水系统的检查。供水流量应满足模型最大流量的需求，闸门启闭设备应灵活、可靠、严密不漏水。对模型流量采用自身单一循环系统的模型，还应该检查最大供水量时水泵吸水管的淹没度和稳定性，并在水泵出水口处配备消浪静水设施。对动床模型下游应配备冲水管路，不得在下游无水的干枯河床上进行放水试验，以免影响冲刷试验成果。

排水系统包括模型上游水库和下游尾水池的排水管道、退水槽和回水槽，均应保证畅通。动床模型应有沉沙池和良好的砂粒过滤措施。

对河工模型或水工模型的下游出口排水管，为防止模型冲刷或杂物堵塞，应在排水管路进口加设过滤网罩，以保持水库水质的清洁。模型尾门应位于不影响下游水流流态的位置，尾门调节设施要求灵活、可靠。

（3）量测仪器的选用与检查。对试验室测验仪器或设备，首先应了解和熟悉它们的性能、使用要求和精度范围。

1）流量测量仪器设备的准备与检查。量水堰是测量流量的常用设备。对矩形堰高度及宽度的选择，应满足模型流量施测范围。为了提高小流量的测量精度，可用三角形量水堰。

管道模型试验中常用文德里量水计、管嘴等设备测量流量。使用文德里量水计时应注意量测流量的有效范围，其喉部流速不得超过 10m/s，周壁测压孔的绝对压力水头不可小于 2m。文德里量水计安装应符合规定。一般在大流量时，常因液面压差读数过大不易观测或液面波动较大读数不易精确，如遇后一种情况，可在连通管内加阻抗以保持读数稳定，并通过校正设备以实测的压差与流量关系绘制成率定曲线或制表备用。

如采用涡轮流量计、浮子流量计和电磁流量计等电测仪器，应按说明书要求进行检查。

2）压力量测仪器的预备与检查。压力量测的仪器种类繁多，在水工模型试验中，对于建筑物表面和管道周壁的压力分布常用的测定方法是在壁面上安装测压孔，并通过连通管与压力计的玻璃管连接。以玻璃管内水柱液面的高度来测定测点压力的大小。首先，检查测压孔的位置是否正确，并检查测压孔口周壁是否光滑平整；然后，向玻璃管内用注水法检查测压孔孔口是否垂直于建筑物过流壁面，并注意避免测压管头的松动和漏水，玻璃管应集中于测压板上进行量测。

利用压力传感器可以连续量测记录测压点压强随时间变化的过程。使用时应检查传感器是否符合试验量测范围和精度要求，并在静水中进行率定。随着电子工业应用技术的发展，可采用磁带机记录传感器电信号，用频谱分析仪或其他微电脑处理所测取的资料并直接绘制成图。

3）水位量测仪器的预备与检查。模型中水面高程的测读一般采用针形或钩形测针。上游水位测针应安装于距坝顶上游 5～10 倍水头处，下游水位测针位置应与原型河道水尺位置相对应，应在闸坝冲刷坑下游的水流平静区。测针筒和连通管要求不漏水、不阻塞，测针筒壁面保持清洁明亮，便于观测。测针零点高程可根据模型基准点相对高程用水平仪测定，绘成上、下游水位与测针读数的关系曲线，便于查用。测针零点读数在试验过程中应定期复查，随时校正。

测量水面波动的连续变化过程多采用波高仪。仪器使用前，先在静水情况下进行率定，检查在试验要求水位变化范围内是否呈线性关系，并记录率定时水质、水温等参数，供资料分析时参考。

4）流速量测仪器的预备与检查。试验室测量流速的常用仪器为毕托管，使用前应检查动压管头是否松动。用注水方法分别检查动压管、静压管和连接管是否连通。用高压注水法去除存留在毕托管及橡皮管内的气泡，然后将毕托管放入静水盒中，检查比压计的液面是否同高，使用时切勿漏气，用毕后放入静水盒内复查比压计液面是否同高。在模型试验中，用毕托柱量测封闭管道的流速和流向时，事先应注水检查毕托柱管路是否堵塞，量角器等附件是否备全。使用要求与毕托管基本相同。

采用小型光电式旋桨流速仪时，使用前应检查旋桨轮转动情况，并根据叶轮率定曲线图计算出 K 值和 C 值，分别置入 K 值和 C 值的拨盘内，并调好时间选择键。同时，检查电流、电压是否符合要求。然后预热一定时间才能使用。如果发现旋桨转轴已经松动变形，应及时调整间隙并重新率定。

激光测速仪器要求介质是具有良好的透明度和不带杂质的清洁水源。热丝（膜）流速仪应用于气流模型可得到满意结果。这些仪器较贵重，需要专人操作管理。

5）流态流向的测定。一般选用纸花、木屑、烛光浮子、铝粉石蜡球、塑料小球、高锰酸钾结晶体或溶液等作为指示剂来测定流向。直接在模型平面布置图上描绘出水流流态。如果采用摄影方法拍摄流态，应事先准备好坐标网格框架和照明设备，以保证试验顺利进行。

（4）记录用具的预备。为做好试验数据的记录和资料整理、保存，应配备专用试验记录本或标准格式的专用记录纸：如测针高程记录纸，水位与流量计算纸，上、下游水位计算纸，水面线计算纸，压力分布计算纸，流量系数计算纸，流速分布计算表等。试验之前，应根据试验内容、要求准备各类资料成果的蓝图或表格，如工程平面图、建筑物剖面图、冲刷坑描绘图等，以便将试验资料填写或点绘出来。对摄影底片应建立完整的登记表并妥善保存。

（5）其他预备工作。如准备闸门开度垫木、梯形开度板、斜向开度板或开度仪，以控制模型建筑物闸门开度。此外，如照明设备，照相天桥（照相架）人行便道，试验组次标识说明牌等。另外还有抛投材料的准备。

（6）试验预备实例。下面以某一等工程的截流模型试验为例，叙述截流模型试验的试验仪器和试验材料预备工作。

1）试验仪器。模型试验采用恒定流试验方法，用重力式循环供水系统供水，测量仪器及控制方法如下。

A. 流量：E-MAG 电磁流量计控制河道上游来水流量。

B. 水位：固定水位测针及测尺记录围堰上、下游及河道各控制点水位变化。

C. 流速：L-8 红外式多点旋桨流速仪监测龙口附近断面流速。

D. 流态：VDMS 全流场跟踪监测系统监测流场流态及表面流速分布。

E. 河床变形：通过水准仪、全站仪等测量围堰下游局部冲深。

F. 截流进程：采用数字摄像机记录截流全过程。

各量测仪器精度满足《水电水利工程施工导截流模型试验规程》（DL/T 5361）的有关要求。

2）试验材料。原型石渣料以工程开挖料为主，要求岩体坚硬，不易破碎和软化，一般粒径为 0.5～80cm，其中粒径 20～60cm 块石含量大于 40％，粒径小于 2cm 块石含量小于 20％。模型采用块石与细沙混合材料，黄色，粒径范围为 0.0091～1.4545cm，块石与细沙比例与原型一致。

原型中石粒径为 0.3～0.6m，模型采用粒径为 0.5455～1.0909cm 的白色块石。粒径大于 0.73m 的块石含量大于总量的 50％。

原型大石为粒径 0.6～1.0m、重量大于 0.3～1.5t 的大块石，以及粒径大于 1.0m 的特大块石，模型材料选用粒径为 1.0909～1.8182cm 的青灰色块石。

钢筋石笼按两种规格进行备制：2.0m×1.5m×1.5m 和 2.0m×1.0m×1.0m（长×宽×高），相应模型尺寸为 3.64cm×2.73cm×2.73cm 和 3.64cm×1.82cm×1.82cm，备料时两种规格各占 50％。

模型试验准备抛投材料量见表 4-1，截流材料见图 4-7。

表 4-1　　　　　　　　　　　模型试验准备抛投材料量列表

抛投材料	规划抛投量/m³		模型备料量/m³
	原型	模型	
石渣料	49413.38	0.297	1.188
中石	10315.25	0.062	0.248
大石	13143.63	0.079	0.316
钢筋石笼	10315.25	0.062	0.247

大石　　　　　　　　　　中石　　　　　　　　石渣料

（a）小钢丝石笼　（b）大钢丝石笼　（c）小钢丝石笼串（4）　（d）大钢丝石笼串（4）

图 4-7　截流材料示意图

4.2.2　预备、校正和验证试验

当量测仪器及试验设备均安装就绪，开始正式试验之前，对有些模型还需要做预备试验、校正试验和验证试验，其目的是对模型的相似条件做进一步的验证。

（1）预备试验。预备试验是指与正式试验有关的一些率定工作，包括量测方法与参数的选定，如量水设备、测速仪器、加砂器及电测仪器的率定，模型砂和天然砂的糙率、比重、颗粒分析、沉降速度、临界推移力、起动流速及休止角的测定，均属预备试验范畴。

（2）校正试验。校正试验用于边界固定的模型，其目的是使模型与原型之间水力相似。即通过校正试验，使模型的糙率或相对糙率符合天然与模型之间应有的相似比例关系。按重力相似准则设计的模型，如模型比尺不大，要求原型与模型之间符合糙率或相对糙率相似尚易达到。但在模型比尺较大时，糙率相似不易做到。一般在正态模型中，模型糙率常大于应有值。

（3）验证试验。验证试验主要用于活动河床模型。在进行正式试验之前，对模型所选用的模型沙或冲刷料进行验证，检验河道的冲淤变化规律及水面线是否与原型相似，否则须另选模型或变换流量，调整时间比尺。

在某一等工程截流模型试验中，就有河工模型率定的过程，具体过程如下。

根据截流动床模型试验的相似性要求，在水流方面主要按重力相似定律控制，同时满足紊动阻力相似要求；在河床泥沙方面主要满足起动相似要求；在截流材料方面主要满足沉降相似要求，以保证动床正态模型能够复演原型水流及河床冲淤变化以及截流材料的力学特性，还应满足原型、模型的边界条件（包括糙率）相似。

截流试验考虑下游蓄水的影响，下边界采用导流洞出口下游约460.0m处（考虑下游电站不同运用方式下）的水位流量关系，不同流量和工况对应下游边界水位见表4-2。

表4-2 不同流量和工况对应下游边界水位表

工况编号	上边界流量 /(m³/s)	下游边界水位 /m	备 注
工况一	722	1303.50	11月中旬，下游水电站死水位（1303.00m），无围堰残埂
工况二	722	1303.50	11月中旬，下游水电站死水位（1303.00m），2m围堰残埂
工况三	722	1307.76	11月中旬，下游水电站正常蓄水位（1307.00m），2m残埂围堰
工况四	722	1303.50	11月中旬，下游水电站正常蓄水位（1303.00m），3m残埂围堰
工况五	901	1304.85	11月上旬，下游水电站死水位（1303.00m），2m残埂围堰
工况六	901	1308.09	11月上旬，下游水电站正常蓄水位（1307.00m），2m残埂围堰

选用722m³/s和901m³/s两个不同流量对模型进行验证，尾门水位按给定水文资料（导流洞出口下游200m处水位）进行控制。通过修改局部地形、调整糙率等措施，使模型河床各测站水位在上述流量下与原型水位基本吻合。模型河道水面线与原型河道水面线基本相似（见表4-3），说明模型河床糙率与原型基本相似，模型能够较好地反映原型河流阻力特性。

4.2.3 试验操作程序

（1）基本程序。一般先进行原布置试验，观测原设计是否正确、安全，存在哪些问题，然后进行各种修改比较试验，从而选定最优方案，最后进行终结试验，整理较全面的试验资料，提出试验报告。

表 4-3　　　　　　　　　　　　　验证试验沿程水位原型与模型成果对比表

流量 /(m³/s)	类型	坝址水位 /m	导流洞出口水位 /m	导流洞下游 200m 水位 /m	导流洞下游 460m 水位 /m
722	原型	1305.804	1303.803	1303.034	1302.035
	实测	1305.692	1303.711	1303.022	1302.040
	差值	0.113	0.092	0.012	-0.005
901	原型	1306.298	1304.220	1303.437	1302.420
	实测	1306.249	1304.190	1303.385	1302.410
	差值	0.049	0.030	0.052	0.010

1）原设计方案试验。原设计方案试验是针对原设计方案进行试验，并根据试验要求，量测有关水力参数并进行分析，评价原设计方案的合理性和可靠性。

在编制试验计划和完成模型设计及制造后，在预备试验及校正试验的基础上，开始进行原设计方案试验，全面测取各项资料。通过资料分析及必要的水力计算，一方面可检查原设计的合理性和技术上的可靠性；另一方面可确定修改试验的重点。如果原设计图纸存在比较明显的缺点，也可以通过经验判断并辅以一定的水力计算，经与设计单位商量讨论后修改设计方案，可不进行原设计方案试验或仅进行少量的原设计方案试验，直接进入修改优化方案阶段。

2）修改优化方案试验。修改优化方案试验针对原设计方案试验发现的问题，利用模型试验作为手段改进设计方案，提出修改方案，进行优化，最终提出推荐方案。

修改优化方案试验是整个模型试验中最重要的环节，在制定本阶段试验计划时，要特别强调吸收国内、国外类似试验研究的已有经验，抓住主要矛盾，充分利用流体力学理论作指导，防止不自觉地陷入大量的盲目性试验，费时、费工又不能解决问题。另外也要防止由于影响因素众多或工程上各种客观条件的限制，而导致修改优化方案试验的方案和组次过多。应突出重点，抓住各方案的主要比较指标，既要防止漏测重要数据而影响方案的判定，又要防止测取数据过多而影响试验进度。通过修改优化方案试验，与委托单位共同讨论选定推荐方案。

3）推荐方案试验。推荐方案试验针对的是选定的推荐方案，要进行全面系统的观测，提供充分论证。

在选定推荐方案后进行的推荐方案试验，是利用水工模型预演选定方案的水力现象，可以通过运行试验推荐最佳的运行方案，此外也可以为今后的原型观测提供相互印证的资料。因此在推荐方案试验时，一般要求尽可能全面而又详细地测取各项试验数据。同时，在对选定方案作出最终鉴定并向委托单位提供数据时，注意试验资料引用时的相似问题。由于一般水工模型试验是按重力相似设计模型的，忽略了黏滞力、表面张力和弹性力等的影响。在研究工程问题时，还应利用其他类似工程的原型观测资料和有关专题研究成果，对模型中观测到的现象和数据加以分析和说明，在实用范围内对工程提出相应的修正或补充建议。

模型试验取得阶段性成果后，应及时与委托方沟通，必要时进行模型现场讨论，即阶段性技术小结，这对提高试验质量及成果为工程设计服务十分重要，应给予足够重视。

（2）操作要求。试验操作为借助模型观测天然水流及人工改造水流实效的技术过程。测验方法的恰当与否，与准确资料的获得及工作效率的高低等有直接的密切关系，故对试验工作应细心谨慎。试验操作过程中要求做到下列几点。

1）准确可靠，使误差在可能程度内为最小。

2）利用简便的仪器，在最短的时间内，用最小的人力，取得合乎精度要求的资料。

3）尽可能于同一试验中记录有关几个问题的试验资料，做到人力和物力的节省。

4）养成有系统地记录资料的习惯，以免试验资料的漏读漏记；各组次的试验条件、观测资料等记录应书写清晰。

5）在各组次试验中，保持恒定的水位和流量，通常在调好水位和流量后进行量测；在观测过程和观测结束时，应对水位和流量进行检测，以确保资料的可靠性。

6）在每个组次试验中，应注意流态的观测，并做好记录和说明。

7）在试验操作过程中，应尽可能对测得资料及时整理，并与理论计算结果相对照，以求减少错误并及时发现问题，便于随时修正。

在原始试验数据测取结束后，随即进行资料的整理与分析工作，为下一步试验工作提供修改方向，也可与理论计算相对照，进行比较论证。

（3）操作步骤。试验操作程序因不同的试验任务而异，但都要认真对待试验，并做好记录。在截流试验过程中，需观察整个河道或在龙口宽度内均匀抛投堆筑体（或称围堰、戗堤），堆筑体达一定高度时，同时用事先准备好的设备及仪器量测抛投堆筑体的高度和各水力要素，包括截流流量、过水宽度、流态、堆筑体上的流速、堆筑体的上游和下游水位、导流工程进口水位及导流流量、截流抛投料流失量等资料，并记录书写清楚。

试验具体操作步骤如下。

1）确定截流轴线。

2）根据试验任务的要求，结合给定的特征流量和工程的实际情况选定试验工况。

3）调节进水口来流量，为试验工况调节尾门，控制下游水位。

4）预进占。模拟抛投强度，在截流轴线处模拟堆渣，抛投石渣；施测预进占各区段水利力学指标，缩窄河道平均流速、戗堤上、下游水位、戗堤边坡及其他水流现象，以选择合理的龙口位置及宽度；观察堤头材料的稳定及流失情况，调整抛投料的比例及配比、截流进占方式并做好记录。

5）在分区截流之前测量龙口水力参数：龙口各区段最大平均流速、戗堤坡面上、中、下、表、中、底最大流速，龙口上、中、下、表、中、底最大流速，堤头各个流速测点分布、落差等。

6）龙口截流。观察龙口各区段堤头的坍塌情况，堤头料的稳定情况、流失情况，及时调整抛投料各种级配的数量、尺寸和重量等（包括人工预制特殊抛投料如混凝土四面体、钢筋石笼等），并做好记录；观察进占至龙口戗堤顶口门宽 B_m 为何值时，进占料开始流失；测量预进占龙口流速；继续向龙口抛投截流材料，直至合龙。记录不同龙口宽度下龙口水面线、流速分布、实际落差、水深。

7）龙口护底。测定预进占和进占各区段戗堤坍塌范围和频率、抛投料的流失情况及流失量、原河床的冲刷情况。

8）其他试验内容。与具体工程截流实施相关的试验研究，如导流工程泄流能力对截流的影响、下游围堰处戗堤同时进占对上游戗堤在分担落差上有无帮助等。

（4）操作实例。

1）某一等工程截流模型试验操作步骤如下。根据截流工况的划分按 6 种工况分别进行截流过程的模拟试验，观测记录对应的水力要素及现象。每一工况按 4 个龙口进占分区进行试验。

每一工况试验时，按照先放水稳定后，测量河道截流龙口轴线上、下游水力学参数。预进占到初始龙口 60m 时，观察龙口水流现象，量测导流洞分流流量及进口、出口水位，龙口上游、轴线、下游三条线，左右岸及龙口中心线三点的流速，龙口上、下游水位等。记录原始数据。接着按序进行龙口宽度 50m、40m、30m、20m 时的试验观测与记录。

把模型试验数据按相似比转换为原型数据，分析其合理性，对差异进行分析，出现不合理的参数或差异大时，需重新进行试验观测验证。

2）锦屏一级水电站工程混凝土双曲拱坝截流模型试验。该模型的原型为 1 个混凝土双曲拱坝，坝高 305m，装机容量 3300MW，正常蓄水位 1880m，水电站总库容 77.7 亿 m^3，调节库容 49.1 亿 m^3，属不完全年调节水库。

导流建筑物包括初期导流洞与上、下游围堰，中、后期导流建筑物包括坝上开设的导流底孔以及永久放空深孔。初期左右岸导流洞进口高程 1638.50m，出口高程 1634.00m，洞身为断面尺寸（宽×高）15m×19m 的城门洞形。上、下游围堰为土石围堰。上游围堰堰顶高程 1691.50m，最大堰高 64.5m。下游围堰堰顶高程 1656.00m，最大堰高 23m。导流底孔设置高程 1700.00m，孔口尺寸为 5—6.5m×9m（数目—宽×高）。永久放空深孔平均孔口高程 1780.00m，孔口尺寸为 4—5.5m×6m（数目—宽×高）。

河道截流采用立堵进占方式，利用左、右岸初期导流洞过流。河道截流时间拟定为 11 月下旬，截流设计流量为 11 月下旬 10 年一遇旬平均流量（814m^3/s），计算截流最大落差 4.76m。

模型比尺主要根据试验室的供水能力、场地大小、试验任务、水流相似等要求确定。本导截流模型选定正态模型，几何比尺为 $\lambda_L = 60$。模型按重力相似准则设计，并考虑阻力相似，模型设计中相关物理量的比尺如下：流量比尺 $\lambda_Q = 27885.48$，单宽流量比尺 $\lambda_q = 464.758$，流速比尺 $\lambda_V = 7.746$，时间比尺 $\lambda_T = 7.746$，糙率比尺 $\lambda_n = 1.07$。

试验室供水系统主要由水池、水泵、流量计、试验模型组成。截流模型布置见图 4-8。

试验采用恒定流试验方法，用 IFM4080K 型电磁流量计控制模型来流量。用 HD-4B 型电脑流速仪测量各测点的流速及流向，水位采用固定测针测量，水深采用活动测针结合钢尺测量。人工观察记录水流状态，并用数字摄像机（如 DV 等）记录。

试验的任务及要求为：观察截流戗堤进占不同情况下各区段水流流态及抛投物的稳定程度，描述戗堤垮塌范围和频率，抛投料的流失情况及流失量、原河床的冲刷情况；测量试验工况下预进占各区段水力学指标，缩窄河道平均流速，戗堤上、下游水位，戗堤边坡及河床流速分布及其他水流现象；测量龙口各区段最大平均流速，戗堤堤头和龙口的流

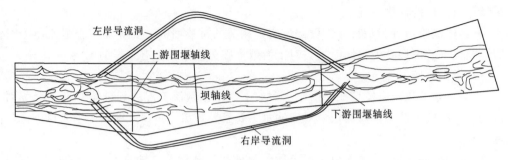

图 4-8　截流模型布置图

速；根据模型试验成果绘制截流水力要素特性曲线；根据试验结果，分析选择合理的龙口位置及宽度。

试验步骤如下。

A. 选定试验工况，根据试验任务的要求，工况的选择结合给定的特征流量和该工程的实际情况，选取 11 月下旬 $P=20\%$、10% 和 12 月上旬 $P=10\%$ 的旬平均流量进行截流模型试验（见表 4-4）。

表 4-4　　　　　　　　　　截流模型试验工况表

工况	流量 /(m³/s)	下游水位 /m	分流建筑物	备　注
J1	701	1640.32	两条隧洞分流	考虑截流过程中左、右坝肩同时下渣。水土堆渣模型边坡为 1∶1.4
J3	752	1640.50		
J5	814	1640.60		

注　下游水位导流洞出口下游 350m 断面的水位流量关系曲线中的水位控制。

B. 调节进水口来流量为试验工况，调节尾门，控制下游水位。

C. 在截流轴线处模拟堆渣，抛投石渣，抛投料水下堆成 1∶1.4 的上、下游坡，戗堤进占方向边坡达 1∶1.5～1∶1.6，预抛采用左、右岸同时进占的方式。

D. 观察进占至龙口戗堤顶口门宽 B_m 为何值时，进占料开始流失。测量预进占龙口流速。测量隧洞水力指标，记录水位、流速、施测部位。

E. 继续向龙口抛投截流材料，直至合龙。记录不同龙口宽度下龙口水面线、流速分布、实际落差、水深。计算隧洞分流量。

4.2.4　试验操作方法

（1）流态观测。流态描述是定性判断设计方案合理性的重要依据之一，因此应尽量利用相关手段或方法详实地定性或定量描述流态，尤其是特殊流态，例如回流、漩涡、水翅等现象。

流态观测可采用目测法、示踪法、照相或录像等方法，定性描述模型试验水流流态，说明回流区、漩涡、折冲水流、分离水流、水翅、跌水、壅水等现象及其范围、强弱等特征。

（2）水位与水面线测量。水位与水面线主测仪器是水位测针和自动跟踪水位计。水位

66

测针是测量恒定流水位的最常规仪器，广泛用于水工模型试验，市场上有现成产品可供选购。自动跟踪水位计是根据电学原理研制而成的，可用于测量恒定流和非恒定流水位，选型应满足跟踪速度要求。自动跟踪水位计对水温和水质均较敏感，露天试验场需谨慎使用。每次使用时，应事先率定，以保证测量精度。

水位与水面线测量方法与要求如下：

1）水位测点和水面线测点应根据原型水文资料或模型试验需要设置。

2）对应原型水位站设置测针筒，用测针测读筒内水位。

3）通过校平后的活动测针架（或测车），用测针测读水流纵向和横向水面线。

4）选用自动跟踪水位计，测定非恒定流的水位变化过程，每测次重复测量 2~3 次。

5）用表格记录观测数据，标明试验条件、组次和日期、量测仪器名称和编号等。

（3）泄流能力测试。为满足截流期间安全顺利导流需要，有些工程在进行截流模型试验时，还需对大坝泄流能力进行验证试验。泄流能力主测仪器是测针和量水堰或电磁流量计，目的是测量流量系数，可分为自由堰流、淹没堰流、自由孔流、淹没孔流等 4 种流态。

量水堰可用于测量恒定流量，其堰型可按下列要求选用：当流量量程 $Q<30L/s$ 时，宜选用直角三角堰，流量可根据率定曲线或经验公式确定；当流量量程 $Q\geqslant30L/s$ 时，宜选用矩形堰，流量可采用雷伯克经验公式确定；当流量量程 $2L/s<Q<90L/s$ 时，可选用复式堰，流量计算应采用率定结果。

电磁流量计是利用法拉第电磁感应定律制成的一种测量导电液体流量的仪表，可用于测量恒定流流量和非恒定流流量。由于其测量精度已达到了 $\pm1\%$ 以内，可直接安装在进水管道上，利用计算机直接记录流量变化，因此已逐渐推广应用于水工模型试验中，目前可根据需求直接在市场上选购。电磁流量计安装应满足以下要求：流量计应安装在水泵下游侧的直管段，在流量计上游 15 倍管径和下游 5 倍管径范围内应无扰动部件，量测时应保证管道内充满水体；流量计上、下游直管段的管道内径与流量计测量管径的偏差应小于 3%，其内壁应清洁光滑。

泄流能力测试要求与方法如下。

1）堰流试验方法应满足以下要求。

A. 在形成自由堰流条件下，待水位流量稳定后，测读流量和上、下游水位。

B. 在固定流量条件下，逐步抬高下游水位形成淹没堰流，测读上、下游水位或流量，确定不同淹没度下的泄流能力。

C. 改变流量，重复进行上述操作步骤，得到新的试验组次。

2）孔流试验方法应满足以下要求。

A. 在固定闸门开度形成孔流条件下，测量泄流能力。

B. 改变闸门开度，得到不同开度条件下的孔流泄流能力。

3）根据观测数据计算堰流或孔流的流量系数，淹没流应给出相应的淹没系数。

4）泄流能力测试不少于 5 个流量级，并包括特征水位和流量，由此得到水位-流量关系曲线。

（4）流速、流向观测。流速分布包括纵向、横向和垂向 3 个方面，是衡量消能效率的重要标志，主测仪器是毕托管、微型旋桨流速仪、粒子图像速度场仪（PIV）和三维多普勒流速仪（ADV）。

毕托管是测量恒定流时均"点"流速最佳常规仪器，可用于恒定流时均流速的测定，但应按以下要求选型：当流速量程 $0.15\text{m/s}<v<2.5\text{m/s}$ 时，可选用管径 8mm 标准毕托管；当流速量程 $0.15\text{m/s}<v<10\text{m/s}$ 时，可选用管径 2.5mm 微型毕托管。

旋桨流速仪是量测小流速的常用仪器，精度低于毕托管，但应定期率定，确保量测精度满足试验要求。旋桨流速仪及旋桨流速流向仪宜用于测量 2m/s 以下的流速流向，其性能要求如下：叶轮直径小于 15mm；起动流速 $3\sim5\text{cm/s}$；流速 v 与转速 n 应保证线性关系，即 $v=Kn+C$，其中 K 为流速变化斜率，C 为旋桨流速仪起动流速；K 值、C 值可由率定试验确定。

PIV 和 ADV 已逐渐应用于水工模型试验。PIV 适用于同步、瞬时量测大面积表面流速分布，需要有相应跟踪粒子；ADV 适用于量测复杂流态下的点流速流向，可量测点的时均流速和脉动流速。这些仪器的使用，应进行定期对比试验，以保证测量精度。

流速、流向观测方法与要求如下。

1) 根据试验任务和要求，布置测速范围和断面。

2) 根据流速变化范围和测量条件选用相应的测速仪器，并按使用要求进行操作。

3) 施测断面应至少布置 3 条垂直测线，每条垂线视水深情况应至少有 3 个测点。对于复杂流态区域，应适当加密测速垂线及测点。

4) 在测量流速的同时，应进行流向观测。

5) 记录观测数据并注明试验工况、量测仪器名称和编号等。

（5）局部冲淤试验。局部冲淤试验试验方法与要求如下。

1) 模型沙选择应满足以下要求。

A. 对于沙砾石或岩石节理极为发育的原型河床可用散粒体模拟，其粒径可根据级配曲线按几何相似或抗冲流速相似选择。

B. 对于细颗粒泥沙组成的原型河床可用轻质模型沙模拟，其粒径需通过泥沙起动流速计算，并通过专门的水槽试验验证。

C. 对于岩体构成的原型河床可用节理块或胶结材料模拟，也可近似地用散粒体模拟，模拟材料要求达到与抗冲流速相似。

河床冲淤试验模拟的关键是动床模拟材料的选择。上述动床模拟材料选择方法和铺设要求，对床底冲淤来说，问题不大。但岸坡冲刷模拟比较困难，尚需通过进一步实践来检验。

2) 模型铺沙高程应根据基岩面高程确定，必要时可按覆盖层和基岩分层铺设。

3) 铺沙范围应大于冲刷范围，铺设厚度应大于可能最大冲刷深度。

4) 对峡谷高坝来说，岸坡冲刷非常重要，处理试验资料时，应予充分考虑。

5) 冲刷试验时间应满足冲坑稳定要求，特殊情况下应由预备试验确定。根据经验，在模型水位、流速调好后，一般要经过 $2\sim3\text{h}$ 的冲刷试验，下游河床冲淤变化基本趋于平衡。

6) 试验前应避免扰动原状沙面，试验后应避免扰动冲淤地形。试验操作关键是使模型开始放水和停水时，不致扰动原来的沙面，以保证试验成果的可靠性。

7）及时测绘冲淤地形，并注明试验工况等。冲淤地形测量可用等高线法，也可采用地形自动测量系统测量断面地形数据。

（6）水面波动测量。水面波动涉及闸坝（泄水建筑物）下游大尺度紊动，也是衡量消能效果的指标之一。通过观测，可提供下游航道岸坡的保护范围及消浪措施，以及通航条件保障措施。水面波动测量方法与要求如下。

1）根据试验任务和要求布置测点，宜布置在水面波动剧烈区、重点岸坡、电厂尾水或通航区等部位。

2）水面波动量测主测仪器是波高仪。波高仪可用于测量水面波动，选型应满足频响范围要求。波高仪对水温和水质均较敏感，露天试验场宜慎用。使用时，应事先率定，以保证测量精度。

3）采样时间和频率应符合采样定理的要求，为避免偶然误差，每测次重复测量3次。

4）记录的水面波动数据应注明试验工况、量测仪器名称和编号等。

5）试验前波高仪应做好率定，以保证测量精度。

4.2.5 试验操作实例

向家坝水电站截流模型试验采用恒定流的试验方法，以二期下游水位站控制模型下游水位，用矩形量水堰控制模型上游总来流量，用直读式旋桨流速仪测量各测点流速，用自动超声水位计、固定测针及活动测针测量水位，并用录像及照相的方法记录水流流态。动床部分河床冲坑采用水准仪和自动地形测量仪量测冲刷范围和冲深，并用数字摄像机记录冲刷地形等情况。试验采用天然条件下河道沿程水位资料，选用 2000m³/s、3000m³/s、4000m³/s、5000m³/s、6000m³/s、7000m³/s、8000m³/s 共 7 个不同流量对模型进行了验证。

小湾水电站截流模型试验采用恒定流试验方法，用 IFM4080K 型电磁流量计及矩形薄壁堰控制模型流量控制来流量，用 AGF2-1 型自动水位仪控制模型下游水位（坝址下游 1000m 处水位），用 CF9901 型微电脑流速仪测量各测点的流速及流向，水位采用固定测针测量，水深采用活动测针结合钢尺测量。动床部分河床冲坑将水排干后，采用水准仪和自动地形测量仪量测冲刷范围和冲深，并用数字摄像机记录冲刷地形等情况。人工观察记录水流流态，并用数字摄像机记录。试验选用 1000m³/s、1300m³/s、1600m³/s、2300m³/s 共 4 个不同流量对模型进行验证，尾门水位按给定水文资料进行控制。

锦屏一级水电站截流模型试验采用恒定流的试验方法，用矩形量水堰控制模型总流量，以导流洞出口下 250m 水位站控制模型下游水位，用直读式旋桨流速仪测量各测点流速，用中国水利水电科学研究院研制的自动超声水位计、固定测针及活动测针测量水位。试验采用 2006 年 5 月至 2006 年 9 月导流洞过流前后实测水文资料对物理模型河道糙率及沿程水位流量关系进行验证，验证流量为 600~1400m³/s。

官地水电站截流模型试验采用恒定流试验方法，用矩形薄壁量水堰控制来流量，用 HD-4B 型电脑流速仪测量各测点的流速及流向，水位采用固定测针测量，水深采用活动测针结合钢尺测量，人工观察记录水流流态，并用数字摄像机记录。试验选用

500m³/s、981m³/s、1430m³/s、3000m³/s、7060m³/s 共 5 个不同流量对模型进行验证，尾门水位按给定水文资料（导流洞出口下游 300m 处水位）进行控制。

金安桥水电站截流模型试验采用恒定流试验方法，用矩形薄壁量水堰控制模型来流量，用 HD-4B 型电脑流速仪测量各测点的流速及流向，水位采用固定测针测量，水深采用活动测针结合钢尺测量，人工观察记录水流流态，并用数字摄像机记录。试验选用 1000m³/s、3000m³/s、7000m³/s 共 3 个不同流量对模型进行验证，尾门水位按给定坝址区水文资料（坝轴线下游 1300m 处水位）进行控制。

龙开口水电站截流模型试验采用恒定流试验方法，用矩形薄壁量水堰控制模型来流量，用 HD-4B 型电脑流速仪测量各测点的流速及流向，水位采用固定测针测量，水深采用活动测针结合钢尺测量，人工观察记录水流流态，并用数字摄像机记录。试验选用 10600m³/s、8170m³/s、5900m³/s、3860m³/s、2070m³/s 等不同流量对模型进行验证，尾门水位按给定水文资料进行控制。

龙滩水电站截流模型试验采用恒定流的试验方法，用矩形薄壁堰控制模型流量，以坝址下游 885.60m 处水位控制模型水位，堰前水位采用测针进行测试与控制，尾水位采用自动水位控制仪来控制，采用便携式电脑旋桨流速仪测量各测点的流速及流向，沿程水位采用固定测针测量，水深采用活动测针测量。动床部分河床冲坑采用水准仪和自动地形测量仪量测冲刷范围和冲深，并用数字摄像机记录冲刷地形等情况，人工观察记录水流流态，并用数字摄像机记录。试验选用 1570m³/s、1950m³/s 共 2 个不同流量对模型进行验证，尾门水位按给定水文资料进行控制。

下面以汉江蜀河水电站截流模型试验为例，展示试验方法。

蜀河水电站截流设计为单戗堤进占，预留龙口宽度约 50m，初步拟定截流合龙流量为 840m³/s、1120m³/s、1400m³/s。试验采用正态整体局部动床导流、截流模型，依据重力相似准则设计，按最大导流流量 23100m³/s 设计，选用几何比尺为 1∶100 的正态模型。模型上游河道试验范围包括坝轴线以上 600m，坝轴线以下 700m，全长 1300m，其中动床部分为坝上 0−350 至坝下 0+350，较好地保证了水流运动和围堰冲刷的相似性。模型水下地形及岸边采用等高线法用水泥砂浆塑制，模型泄洪闸及升船机等用有机玻璃制作，模型共设 6 个水位测点，分别布设在上游右岸节点、坝轴线、戗堤上游侧、戗堤下游侧、下游左岸节点及模型尾水控制点，其截流布置见图 4-9。

截流方式采用上游单戗堤立堵进占，即从河道左岸坡开始向河心纵向混凝土导墙进占，将龙口位置留在导墙一侧。截流戗堤轴线位于坝轴线上游 0−102.1 处，紧靠二期上游围堰的背水侧。设计戗堤断面为梯形，上、下游边坡均为 1∶1.5，堤顶设计高程 203.06m，顶宽为 15m，长度为 137.0m。截流戗堤的裹头坡度设为 1∶1，加之右岸混凝土纵向导墙坡比为 1∶0.5，故龙口的上、下宽度是不相同的（见图 4-10）。

河道截流时，泄洪闸必然分流，使河水一部分从左岸龙口宣泄；另一部分从右岸泄洪闸宣泄。为了确定各级流量下上述两部分的过流能力，试验中先封堵左岸主河槽，使河水全部由泄洪闸下泄，根据模型上游实测水位，先确定泄洪闸泄量，再从模型进口流量中扣除，得到左岸龙口的过流能力。截流未进占以前，各级流量下左岸束窄河段和右岸泄洪闸的分流能力及流速见表 4-5。

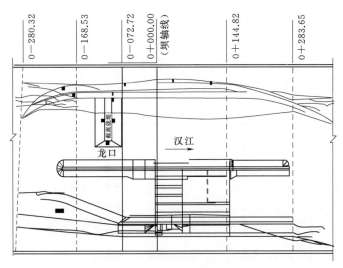

图 4-9 蜀河水电站截流布置图

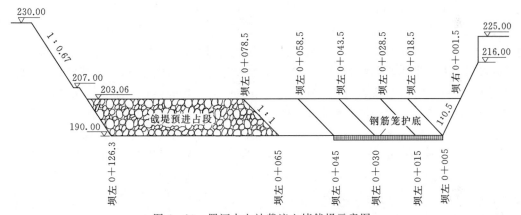

图 4-10 蜀河水电站截流立堵戗堤示意图

表 4-5   各级流量下左岸束窄河段和右岸泄洪闸的分流能力及流速表

流量 /(m³/s)	上游右岸 280.32m 水位/m	下游右岸 406.60m 水位/m	水面宽度 /m	龙口轴线 最大流速 /(m/s)	龙口轴线 平均流速 /(m/s)	泄洪闸 泄量 /(m³/s)	龙口流量 /(m³/s)	龙口单宽 流量 /(m²/s)	泄洪闸 占总流量 分流比 /%
840	194.25	193.75	127.0	1.52	1.50	91.0	749.0	5.9	10.6
1120	194.75	194.50	127.8	1.60	1.47	169.4	950.6	7.44	15.1
1400	195.60	195.15	129.0	1.59	1.59	325.0	1075.0	8.33	23.2

当截流模型试验流量为 840m³/s、1120m³/s、1400m³/s 截流时,龙口发生较严重的冲刷,冲坑深度均超过 10m,说明龙口护底很有必要。为了防止在预进占和合龙过程中水流冲刷龙口覆盖层而引起戗堤头部发生边坡坍塌,增大河床底部阻力,减少抛投物的流失量,龙口有必要护底。模型试验中用小沙袋模拟铅丝笼护底,护底范围为截流戗堤轴线上 30m,下 30m,宽度 40m(纵向混凝土导墙防护范围 30m,草土围堰基础防护为 10m),厚度 1.5m。

为了测定龙口水力要素，试验在三级流量 840m³/s、1120m³/s、1400m³/s 工况下，将龙口宽度预留成 80m、60m、45m、30m 和 20m，在小流量 360m³/s 和 560m³/s 工况下，将龙口宽度预留成 45m、30m 和 20m。流量和龙口宽度组合后，共得到 29 组试验工况，试验对每组工况分别观测龙口流态、流速、上下游水位差、冲刷地形等水力要素。同时，试验还测定不同流量下截流河段龙口上下游水位差，分析龙口单宽功率。

在试验过程中分别量取了不同龙口宽度采用不同粒径材料的情况。模型试验选用 4 种抛投材料，其中 1 号料最细，4 号料最粗，抛投材料粒径变化见表 4-6。

表 4-6   抛投材料粒径变化表

编　号	1	2	3	4
模型粒径/mm	1～5	5～10	10～15（钢筋笼）	15～25（四面体）
原型粒径/cm	10～50	50～100	100～150（钢筋笼）	150～250（四面体）

试验发现，当龙口宽度为 80m 时，相应的水面宽度为 66.6～68.6m，试验截流流量为 840m³/s、1120m³/s 和 1400m³/s 流量，用 1 号料合龙未见石料流失，此时泄洪闸分流比较小，为 18.2%～32.3%。当龙口束窄到 60m 时，相应水面宽度为 46.9～48.9m，当流量为 840m³/s、1120m³/s 时 1 号料未见流失，流量为 1400m³/s 时 1 号料已开始松动，改用 2 号料未见流失，此时泄洪闸分流比为 28.9%～39.7%。当龙口进占到 45m 宽度时，此时水面宽度为 30.4～34.4m，除 360m³/s 外，其余 560m³/s、840m³/s、1120m³/s 和 1400m³/s 4 个流量用 2 号料合龙石料均已开始松动，此时泄洪闸分流比为 29.4%～49.6%。当龙口继续束窄到 40～38m 时，各级流量下 2 号石料已开始大量失稳被冲走，此时戗堤上下游的水位差上升较快，泄洪闸分流比增加很快，龙口流速同样增加较大，截流进入攻坚阶段。当龙口进占到 30m 宽度时，水面宽度为 16.2～21.8m，泄洪闸分流比已达 60.0%～64.2%，戗堤上下游水位差进一步加大。各种流量下龙口轴线处平均流速为 3.27～4.79m/s，截流进入更困难阶段，用 3 号料合龙未见石料流失。

龙口进占到最后 20m 宽度时，已经形成三角形断面，此时水面宽度为 6.6～10.7m，龙口轴线处平均流速为 3.73～7.01m/s，龙口戗堤下坡脚线处的平均流速已达 5.79～7.55m/s，换用 3 号料和 4 号料封堵未见石料流失。合龙后，过水断面水深、流速及单宽流量突降为零，戗堤上下游最大水位落差为 3.45～4.40m。不同龙口宽度、不同流量合龙时进行抛投料粒径试验（见表 4-7）。

表 4-7   合 龙 材 料 粒 径

龙口宽度/m ＼ 截流流量/(m³/s)	360	560	840	1120	1400
80	—	—	1 号	1 号	1 号
60	—	—	1 号	1 号	2 号
45	2 号	3 号	3 号	3 号	3 号
30	3 号	3 号	3 号	3 号	3 号
20	3 号	3 号	4 号	4 号	4 号

针对蜀河水电站设计中用于导流的泄洪闸高于原河床 3.5m 的实际情况及设计截流流量大的特点，在截流模型试验中，研究不同龙口宽度时抛投材料的粒径和抛投强度，最后确定了采用单戗单向截流的方案。

4.3 跟踪试验与对比试验

4.3.1 跟踪试验

国内外大、中型水电工程的截流实践证明，在截流过程中截流流量、分流条件、现场施工边界条件等动态因素较多，而且变化也比较大，截流水力计算及模型试验研究往往因这些边界条件不确切，难以真实反映河道中分流建筑物的水流流态和各种水力要素。此时，就需要临阵修改设计，研究应急措施。为了适应截流施工现场的变化趋势并及时做出跟踪决策反应，往往需要进行跟踪试验，通过试验调整施工方案，以有效指导截流工程施工。例如，在三峡水利枢纽工程大江截流过程中，就进行了大江截流跟踪预报水力学试验，为大江截流指挥决策提供科学依据。

大江截流跟踪预报水力学试验是依据重力相似理论，运用大比尺（1：80 和 1：100）整体物理模型试验技术，模拟施工现场的实际边界，针对施工现场各影响因素的动态变化，对截流进占和合龙过程中堤头进占稳定、龙口流态和水力指标、明渠分流状况及通航水力条件等进行观察和测试，跟踪演示现场的进展，预演工程施工，预报并分析可能受到的影响和程度，运用计算机网络及图像扫描传输系统，将有关重要参数及截流流态、戗堤堤头坍塌图像及时传输至截流施工现场，为及时决策提供科学依据。大江截流跟踪试验确立了两种基本的预报方法：一是进行大江截流基础性试验研究，在其研究成果的基础上建立系列图表网络，对现场情况进行预测预报；二是根据施工现场的实际状况及进一步施工的要求，通过模型试验进行跟踪预报。

（1）跟踪预报基础性研究。截流龙口水力指标预报的难点是龙口口门宽度、长江实际来流量、明渠的冲淤变化等影响因素都呈动态变化，尤其明渠动态的冲淤过程更是难以确定。经分析，明渠的实际冲淤动态过程基本上是在现有的水文条件下，在两种极限明渠边界范围内发生，即明渠设计断面和明渠最大淤积状态的断面，因此可以采用将明渠动态连续的冲淤过程概化成若干个冲淤层面的方法，概化层面的设置依据明渠实际淤积形态经泥沙冲淤原理分析而定。试验中共分了 5 个概化层面（见图 4-11）：①明渠完全不淤层面（设计断面形式）；②高程 50.00m 层面；③高程 53.00m 层面；④高程 56.00m 层面；⑤明渠最大淤积层面（采 1997 年 8 月 25 日明渠淤积实测资料）。同理，将动态变化的流量过程也概化成 19400m³/s、14300m³/s、12500m³/s 和 9010m³/s 4 级固定截流流量。

对上述 5 个概化冲淤层面 4 级概化流量，在 1：80 截流整体模型上进行了龙口合龙过程（$B_{\pm}$ 分别为 130m、100m、80m 和 50m）的水力学模型试验，测得了不同龙口宽度的截流水力参数（如 Z、v、$Q_{明}$ 等），并记录了流态和进占情况。

具体使用方法如下：首先确定施工现场的截流流量，运用水力学插补原理在接近实际流量的两组试验流量成果中插补出 B-$Z_{堤头}$ 曲线族谱，然后根据口门宽度 B_1 时的实际截

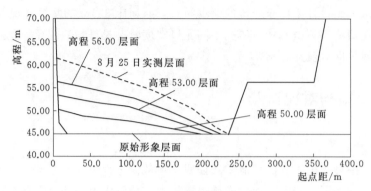

图 4-11 明渠冲淤概化层面图

流落差，确定目前明渠实际冲淤层面相当的概化层面，据此跟踪其他截流水力参数，如 $v_{堤头max}$、$v_{龙口平均}$ 及明渠分流比等。随着施工进占的继续，可预报下一口门宽度 B_2 时相应的口门水力指标（截流落差 Z、堤头最大流速 $v_{堤头max}$、龙口平均流速 $v_{龙口平均}$、明渠分流比 $F_明$ 等）及戗堤进占情况。

（2）跟踪现场实况预报试验研究。为了探明明渠淤积对截流合龙的影响及可能采取的改善措施，模型进行了预演性试验研究。试验在 1：80 定床截流模型上进行，明渠淤积地形采用 1997 年 8 月 25 日实测淤积地形，1997 年 8 月导流明渠淤积地形截流龙口水力参数见表 4-8。

表 4-8　　　　　　1997 年 8 月导流明渠淤积地形截流龙口水力参数表

流量/(m³/s)	口门宽度/m		明渠分流比/%		上戗堤头落差/m		龙口平均流速/(m/s)		堤头最大流速/(m/s)	
	$B_上$	$B_下$	设计	淤积	设计	淤积	设计	淤积	设计	淤积
19400	130	240	69.1	59.3	0.61	1.04	3.16	3.99	3.57	4.72
	80	170	85.1	80.9	0.82	1.65	3.42	4.73	3.83	5.37
	50	120	94.3	92.8	0.93	2.05	3.51	4.65	4.23	6.09
	0	40			1.05	2.29				
14300	130	240	69.2	59.4	0.36	0.69	2.48	3.30	2.81	3.49
	80	170	84.6	80.4	0.48	1.00	2.76	4.03	3.08	4.43
	50	120	94.4	92.3	0.57	1.21	2.95	4.22	3.29	4.73
	0	40			0.60	1.44				
9010	130	240	68.8	57.7	0.13	0.33	1.62	2.21	1.75	2.69
	80	170	84.4	79.9	0.18	0.52	1.76	2.84	1.89	3.05
	50	120	94.3	92.1	0.25	0.61	1.79	2.89	2.14	3.34
	0	40			0.32	0.70				

注　表中"设计"指明渠按设计断面过流不发生淤积；"淤积"指明渠 8 月 25 日的实际淤积地形。

试验表明：各级流量下截流龙口的水力指标均发生了较大幅度的增加，龙口落差在同级流量下比明渠设计断面情况将增加 1 倍以上，龙口流速也相应增加 1.00m/s 左右。当截流流量为 19400m³/s 时，在合龙过程中，龙口最大流速达 6.09m/s，截流最终落差2.29m，较设计断面落差增加近 1.2 倍，流速增加 1.76m/s，给截流进占合龙、堤头保护等增加了很大的困难。

模型还对其他降低截流难度的措施进行了相应的跟踪预报试验研究，主要成果如下。

1）检验纵向围堰头部一期围堰拆除欠挖对明渠分流的影响试验。设计要求一期围堰开挖至高程 60.00m，而实际挖至高程 70.00m，残存的围堰影响了明渠进口的水流流态，减小了明渠的分流能力。模型试验在 $Q=14300$m³/s、$B_上=130.0$m、$B_下=240.0$m 时，与按设计要求拆除时的相同工况相比，明渠分流量减少 20%，截流落差增加 0.05～0.08m，相应口门流速也增加 0.1～0.3m/s，因此，经过研究决定：将纵向围堰头部一期围堰未挖尽部分集中力量尽快拆除。

2）为了减轻明渠淤积情况下的截流难度，预报了将坝河口水位抬高 0.5m 的应急工况下相应截流龙口的水力指标。成果表明：明渠分流比变化不大，截流落差减小约0.1m，虽有一定的效果，但坝河口水位的提高必须依赖于葛洲坝水利枢纽坝前水位的提高，这种水位的提高会对葛洲坝水电站的正常运行带来影响，应谨慎对待。

3）现场跟踪预报试验。跟踪预报试验成果表明当龙口宽 130.6m、下口门宽203.0m、长江流量 10300m³/s（1997 年 10 月 23 日）条件下，导流明渠分流量为5700m³/s，分流比 55.3%，落差 0.31m，上堤头最大流速 2.70m/s，龙中垂线平均流速为 2.37m/s，原型相应实测值 $Q_明$ 为 5730m³/s，分流比 55.83%，落差 0.28m，口门 v_{max}为 3.35m/s，口门流速 $v=2.52$m/s。由此可见，模型试验与原型情况相似。

根据跟踪模型试验成果，并考虑水情气象预报、通航等诸多因素，龙口合龙分两个阶段进行，第一阶段自 10 月 26 日始将大江截流龙口自 130.0m 继续进占直至形成 40.0m 宽龙口。为了保证长江航运畅通，同时有利于明渠冲淤，第二阶段 40.0m 宽小龙口合龙的时机将根据可靠的短期水文预报拟在 11 月初期相机决定。

龙口合龙进占过程中水文原型观测资料表明：龙口合龙的实际流量为 8480～11600m³/s。10 月 26 日龙口宽度 130.0m 时，明渠分流比为 57.1%；10 月 27 日龙口束窄至 40.0m 时，明渠分流比达到了 84.5%；到 11 月 8 日正式截流合龙前，明渠分流比提高到 94.2%，实践证明明渠冲淤效果较好，达到了预期的目的，为龙口最终合龙创造了有利条件。现场施工实践也证明，模型跟踪预报成果是合理可靠的，起到了截流施工的辅助决策作用。

4.3.2 对比试验

物理模型由于缩尺的影响，试验成果与原型相比，仍然存在不同程度的误差，迄今还有一些重要的水力学现象未能在模型上做到满意的模拟或揭示，如：振动、紊动、掺气、空蚀、波浪、粗糙系数、冲刷、磨损等。因此，为及时发现问题分析原因，防止事故发生，保证工程安全，有必要将物理模型、数学模型以及原型观测之间进行对比试验。

在三峡水利枢纽工程大江截流项目中，不但建立了河道截流物理模型，还建立了河道截流水流数学模型，并进行了详尽的原型观测工作。大江截流水流数学模型采用平面二维模型，模型的基本方程为连续方程、X 方向（顺流向）、Y 方向（垂直流向）动量守恒方程及相应的湍流封闭方程，通过计算得出了龙口各项水力特征参数。大江截流数学模型计算结果与物理模型试验结果相比基本一致，其中导流明渠分流量除个别情况外，误差小于5%。在三峡水利枢纽工程大江截流合龙后，又将数学模型计算结果与原型观测资料进行了比较，表明两者结果基本一致，实测明渠分流比与计算分流比的误差在6%以内。

原型观测是检验水工模型试验成果的唯一标准，其观测成果可以验证截流工程设计和模型试验成果的正确性，总结经验改进设计，指导截流施工顺利实施。将原型观测与模型试验成果进行对比分析，具有重要的实际意义、科学价值和经济效益。

（1）观测的目的和任务。

1）观测截流施工过程中，截流戗堤口门和分流建筑物的水流边界条件和主要水力要素及其变化情况，为施工顺利进行提供数据支撑。

2）为优化截流设计或截流施工决策所必要的水文水力学计算和模型跟踪试验提供基本资料。

3）检验设计方案的合理性，验证水力学计算和水力学模型试验成果，总结经验，不断改进。

4）丰富和发展截流水力学的理论和实践成果。

（2）观测的内容和要求。水力学原型观测应做到快速、实时观测和信息传输，观测的重点是流量、水位、落差、流速、流态以及水流边界条件（水上、水下地形，戗堤形像，固定断面等）。立堵截流有以下观测内容和要求，可根据截流施工的规模和特点以及工程条件拟定具体观测项目。

1）合龙前观测。

A. 在非龙口段戗堤口门上、下游，因戗堤局部阻力所造成水位变化的范围内，于两岸设置数个水尺（位置尽量与模型试验一致）以观测口门上、下游水位落差和水面线的变化。

B. 观测口门泄流能力，口门和堤头附近的水深、流态和流速。监测堤头和河床的冲刷情况。

C. 形成龙口后，观测龙口上、下游河道的冲淤变化及其对龙口水深、水位和航运的影响。

D. 如采取护底措施，在护底过程和完工后进行水下地形测量，以控制护底质量。

2）合龙中及合龙后观测。

A. 水位水深观测。观测龙口上、下游水位和落差随进占过程的变化；如为双戗，应观测上、下游龙口附近的水位，观测双戗进占时上、下游龙口宽度及落差分配变化情况；观测龙口水深（重点为戗堤轴线处及下游收缩断面处）和顺流向水面线变化规律；观测龙口上游回水变化的影响范围；观测分流泄水建筑物上、下游水位在进占过程中的变化情况，观测围堰拆除程度或堆渣、淤积等因素的影响。

B. 流量观测。利用坝址水文测流断面或增设测流断面，观测来水和下泄总流量；设置分流建筑物和龙口（宽龙口时）测流断面，分别观测其分流量。由上述观测结果分析确定分流比、龙口流量及戗堤渗流和水库拦蓄的影响；分析分流建筑物的围堰拆除程度及其他因素对分流能力的影响。合龙后进行戗堤渗流流量的观测。

C. 流态、流速观测。观测进占过程中上游主流流向的变化；观测龙口上游前沿及下游水流衔接流态，重点观测挑角抛投前后的流态变化。

观测进占过程中龙口流速变化，包括观测：顺水流向沿程流速分布；沿戗堤轴线方向的流速分布；戗堤上挑角方向的流速分布。各向流速分布，原则上要求测垂线流速分布并求取龙口轴线断面平均流速。若龙口变窄，测流困难又限于测流手段，则用浮标法或电波流速仪施测有代表性的表面流速，力求量测最大表面流速。

双戗截流应随时对上、下游龙口的流速以及双戗之间的流态（急流或缓流）进行观测，控制两戗堤在缓流连接的条件下有序进占。

D. 随时施测戗堤进占过程中龙口宽度、水面宽度、水下边坡等变化情况。

E. 抛投料稳定和流失情况观测。结合堤头抛投料数量，抛投强度及堤头进占等分析抛投料流失情况；合龙后观测流失范围、不同抛投料流失的部位以及河床糙率对抛投料稳定的影响。

F. 随时对戗堤上、下游边坡的稳定，特别在抛投大型块体时重点进行监测。

G. 对降低截流难度的技术措施（如龙口护底加糙、拦石坎、块串等）的效果进行观测并分析。

4.4 试验数据整理与分析

模型试验过程中，应及时整理分析试验资料，如发现问题随时补充试验，对试验结果进行必要的校验和修正，以保证试验成果的完整性和可靠性。

4.4.1 数据换算与校核

截流模型试验完成后，根据相应的比尺，首先要将模型数据换算成原型数据，并进行数据的校核及合理性分析。截流模型试验数据的正确性、合理性是进行数据分析研究的首要条件，在进行数据的合理性分析时，如发现异常或错误数据，应重新试验校正。

为了使模型试验遵循相似准则，各水力要素的比尺与模型长度比尺 λ_l 的关系如下。

流速比尺：$\lambda_V = \lambda_l^{1/2}$，原型流速：$V_P = V_m \lambda_V$；

流量比尺：$\lambda_Q = \lambda_l^{5/2}$，原型流量：$V_P = V_m \lambda_Q$；

时间比尺：$\lambda_t = \lambda_l^{1/2}$；

力的比尺：$\lambda_F = \lambda_l^3$；

压强比尺：$\lambda_P = \lambda_l$；

糙率比尺：$\lambda_n = \lambda_l^{1/6}$。

假定河道水流流量为 Q_0，则 $Q_0 = Q_龙 + Q_渗 + Q_泄 + Q_蓄$，$Q_龙$ 为龙口流量；$Q_泄$ 为分流建筑物的泄流量；$Q_渗$ 为戗堤渗流量；$Q_蓄$ 为戗堤截流形成水库的调蓄流量。当 $Q_蓄$、$Q_渗$ 所占比例很小时，则 $Q_0 = Q_龙 + Q_泄$。

4.4.2 结果计算及分析

模型数据换算成原型数据后，需要进行截流水力学计算及试验成果分析。截流水力学计算包括截流过程中各阶段上游水位、龙口流量、落差、流速、单宽功率、单宽流量等水力参数及抛投料稳定计算。在成果分析过程中，可按照试验的要求，进行相应的计算，或者利用试验数据绘制相应的图表，以便于直观查阅和分析使用。

对于平堵截流试验，应分别整理绘制分流流量、龙口流量、龙口落差、龙口流速、龙口单宽功率与戗堤上过水断面面积的关系图表；对于截流局部模型试验，应整理绘制成抛投料粒径或质量与流速的关系图表；对于立堵截流试验，应分别整理绘制分流流量、龙口流量、龙口最大流速和戗堤首部流速、龙口单宽功率、龙口落差、龙口单宽流量、龙口水深等与龙口宽度的关系图表。

（1）平堵截流水力计算。早在20世纪30年代，苏联伊兹巴斯教授就对平堵截流的全过程划分为四个阶段，即①抛投初期，龙口流速小，戗堤形成近似等腰三角形断面；②随着堆石体高度的迅速增加，流速与单宽水流量有所增长，落差显著增大，这时戗堤升高速度减缓，部分块石开始从坡面上滑动，戗堤形成近似梯形断面；③继续抛投，块石将沿斜坡下滚，直至稳定在戗堤下游侧，此时堆石体缓慢升高，而沿宽度方向迅速扩展，戗堤顶面形成陡坡段；④由于戗堤顶部溢流量逐渐减小，故戗堤向下游面的扩展也逐渐停止，此时，戗堤开始迅速升高，戗堤顶部露出水面，即最后合龙的轮廓。实际上各截流工程并不一定都会出现上述四个阶段，有时可能只出现较紧密的、近似成三角形而后过渡到近似成梯形的戗堤断面而结束。

平堵截流过程中，主要的水力要素有流速、落差、龙口单宽流量、龙口水流单宽能量等。在平堵截流过程中，截流落差是一直上升的，龙口单宽流量是一直减小的。龙口平均流速先是上升，当达到某一最大值后，又逐渐减小。龙口水流单宽能量变化过程与流速类似，其最大值的出现时刻，几乎与流速最大值出现时刻吻合。当然，以上诸水力因素的变化过程，一方面是取平均值来描述的；另一方面是在分流建筑物正常工作及龙口戗堤正常雍高等条件下形成的。

平堵截流全过程中，理论上要求戗堤全面、均衡上升，但实际上很难做到。实践证明，平堵截流中，几乎任何时刻，戗堤顶部高程都不可能均匀上升，而是形成大、小缺口。下面主要叙述在截流戗堤基本均衡上升并具有较紧密的横断面条件下的水力参数变化规律。

平堵截流龙口水流单宽功率：

$$N = rqZ = r_w \left[1 - \left(\frac{Z}{Z_w} \right)^x \right] Q_0 Z \qquad (4-1)$$

式中　r_w——水的单位体积重量，9800N/m³；

　　　Z——龙口水位落差，m；

　　　q——龙口单宽流量，m²/s；

　　　Z_w——最大龙口水位落差，m。

伊兹巴斯公式［式（4-2）］，表明截流过程中的流速与粒径的关系：

$$V = K_y \sqrt{2g \frac{r_m - r_w}{r_w} d} \qquad (4-2)$$

式中　r_m——截流材料的容重，N/m³；

　　　d——截流材料的粒径，cm；

　　　K_y——抗滑稳定系数；

其余符号意义同前。

在式（4-2）中，截流材料类型确定后，K_y 值即可确定，剩下的未知量仅有 v 和 d。当得知 v 后，d 就可以确定了。

（2）立堵截流水力计算。立堵截流水力计算包含的内容，与平堵截流水力计算内容相同，但立堵抛石截流有自身的特点。例如，抛石入水方向大体与水流方向垂直，而平堵截流抛石方向大体与水流方向平行，立堵龙口水流特性中，龙口局部水流特性的变化比较复杂。

立堵截流抛石粒径计算理论中，计算截流抛石粒径能够直观形象描述截流难度以及检验截流方案的可行性。工程设计和施工人员一般采用两种方法确定截流抛石粒径：一种是按伊兹巴斯公式计算；另一种是按水力学模型试验成果进行建议选择。肖焕雄等从截流实际出发，首次研究了流水作用下群体抛投混合料的稳定性问题，并提出了相应的计算方法和公式。若为间断级配料块，则根据式（4-3）～式（4-5）计算截流抛投材料最大粒径 $D_{\max}$：

$$D_{\max} = \frac{K^2 V_m^2 \gamma_w}{2g(\gamma_m - \gamma_w)} \tag{4-3}$$

式中　V_m——抛投材料极限抗冲流速，m/s；

　　　D——抛投材料代表粒径，m；

　　　γ_m——抛投材料容重；

　　　γ_w——水容重；

　　　K——抛投材料的综合稳定系数，若是抛投单个石块，则取 0.89；若为群体抛投混合石料，取 0.93；若为群体抛投均匀石块，则取 1.07。

进一步推导，则可以写成式（4-4）：

$$D_{\max} = \frac{\varphi^2 \gamma_w C Z_m}{K^2(\gamma_m - \gamma_w)} \tag{4-4}$$

式中　Z_m——最大落差；

　　　C——临界落差与最大落差之比，一般取值在 0.7～0.9 之间；

　　　φ——立堵截流流速系数，一般取值在 0.8～0.95 之间；

其余符号意义同前。

由于影响立堵截流的因素多而复杂，要想用一个综合指标来衡量它是很困难的，目前国际上广泛流行的综合指标中以龙口水流单宽功率 N 较为典型，表达式为式（4-5）：

$$N = \gamma_w q_{v\max} Z \tag{4-5}$$

式中　$q_{v\max}$——最大流速情况下龙口单宽流量；

　　　Z——龙口落差。

不难看出，N 代表了龙口水流动能。既包含了 v，又包括了 Z，这是合理的。在截流过程中，当出现 N 的最大值时，记为 N_m。肖焕雄教授以龙口水流最大单宽功率 N_m 为指标将截流难度作了分类：$N_m > 245 \text{kN} \cdot \text{m} \cdot \text{s}^{-1} \cdot \text{m}^{-1}$ 时，截流难度大；当 $196 \text{kN} \cdot \text{m} \cdot \text{s}^{-1} \cdot \text{m}^{-1} \leqslant N_m < 245 \text{kN} \cdot \text{m} \cdot \text{s}^{-1} \cdot \text{m}^{-1}$ 时，属中等难度截流；当 $N_m < 196 \text{kN} \cdot \text{m} \cdot \text{s}^{-1} \cdot \text{m}^{-1}$ 时，属于一般难度截流。

（3）平堵截流试验图表绘制。平堵截流试验，根据试验结果，选取以堆筑体上过水断面积 A 为自变量，整理绘成下列各种关系曲线。

1）导流流量 Q_1 与 A 的关系曲线。

2）堆筑体上（或龙口）流量 Q_2 与 A 的关系曲线。

3）堆筑体的上、下游水位差 Z 与 A 的关系曲线。

4）堆筑体上的流速 V 与 A 的关系曲线。

5）堆筑体上的单位功率 N 与 A 的关系曲线。

6）不同条件的平堵截流试验成果的分析比较。

（4）立堵截流试验图表绘制。立堵截流试验，可选取以龙口宽度 B 为自变量，整理绘制成下面各种关系曲线。

1）导流流量 Q_1 与 B 的关系曲线。

2）龙口流量 Q_2 与 B 的关系曲线。

3）龙口最大流速和戗堤首部流速 V 与 B 的关系曲线。

4）龙口单位功率 N 与 B 的关系曲线。

5）龙口单位功率 N 与上、下游水位差 Z 的关系曲线。

6）戗堤不同进占方式试验成果的分析比较。

（5）工程应用实例。

1）向家坝水电站工程大江截流模型试验。

在向家坝水电站工程大江截流模型试验研究中，截流合龙流量采用 12 月中旬的 10 年一遇旬平均流量 2600m³/s。龙口起始口门宽度 $B=50$m，戗堤顶宽度 25m，戗堤顶部高程 273.00m。合龙过程中，共用抛投材料 29870m³，其中小石占 85.44%，中石占 14.56%。抛投材料流失量占抛投总量的 0.5%。以各阶段主要水力学参数整理成龙口段截流水力特性图（见图 4-12）。

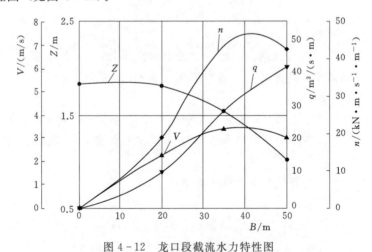

图 4-12　龙口段截流水力特性图

B—口门宽度，m；Z—戗堤落差，m；V—龙口平均流速，m/s；

q—龙口平均单宽流量，m²/s；n—龙口平均单宽功率，kN·m·s⁻¹·m⁻¹

2）蜀河水电站工程大江截流模型试验。蜀河水电站工程大江截流试验，通过流量和龙口宽度组合后，共得到 29 组试验工况，试验对每组工况分别观测了龙口流态、流速、上下游水位差、冲刷地形等水力要素，龙口上下游流速表、截流河道龙口上下游水位差及龙口单宽功率分别见表4-9和表4-10。

表4-9 龙口上下游流速表

流量/(m³/s)	龙口宽度/m	上游右岸水位/m	水面宽度/m	龙口轴线最大流速/(m³/s)	龙口轴线平均流速/(m/s)	下龙口最大流速/(m/s)	下龙口平均流速/(m/s)	泄洪闸泄量/(m³/s)	龙口流量/(m³/s)	泄洪闸泄量占总流量分流比/%
360	45	194.35	30.4	3.48	2.97	4.25	3.71	105.9	254.1	29.4
	30	194.98	16.2	3.51	3.27	5.07	4.88	208.7	151.3	60.0
	20	195.51	6.6	3.73	3.73	5.79	5.79	295.5	64.5	82.1
560	45	194.85	31.8	4.01	3.86	4.79	4.31	186.2	373.8	33.3
	30	195.75	16.6	4.63	4.20	5.25	5.05	355.3	204.7	63.4
	20	196.20	7.4	4.79	4.79	5.91	5.91	451.7	108.3	80.7
840	80	194.65	66.6	3.10	2.49	3.17	2.95	152.9	687.1	18.2
	60	195.17	46.9	3.57	3.28	3.83	3.64	242.7	597.3	28.9
	45	195.66	32.1	4.10	3.96	4.82	4.39	337.0	503.0	40.1
	30	196.52	18.3	4.68	4.29	5.59	5.36	525.0	315.0	62.5
	20	197.00	8.7	4.82	4.82	5.99	5.99	642.5	197.5	76.5
1120	80	195.50	67.7	3.25	2.92	3.38	3.22	305.2	814.8	27.2
	60	195.85	48.0	3.65	3.48	4.09	3.70	376.1	743.9	33.6
	45	196.35	33.3	4.55	4.17	5.20	4.61	485.6	634.4	43.4
	30	197.25	18.7	4.91	4.54	6.08	5.66	707.3	412.7	63.2
	20	197.90	9.7	5.44	5.44	6.40	6.40	887.0	233.0	79.2
1400	80	196.20	68.6	3.34	3.06	3.49	3.43	451.7	948.3	32.3
	60	196.65	48.9	4.48	4.03	4.45	4.14	556.0	844.0	39.7
	45	197.20	34.4	5.07	4.61	5.32	5.05	694.1	705.9	49.6
	30	197.94	20.3	5.30	4.79	6.49	6.44	898.6	501.4	64.2
	20	198.83	10.7	7.01	7.01	7.55	7.55	1140.4	259.6	81.5

表4-10 截流河道龙口上下游水位差及龙口单宽功率表

流量/(m³/s)	龙口宽度/m	上游右岸280.32m水位/m	泄洪闸泄量/(m³/s)	龙口流量/(m³/s)	龙口单宽流量/(m²/s)	龙口单宽功率/(kN·m·s⁻¹·m⁻¹)	戗堤上下游水位落差/m	合龙后水位/m	泄洪闸泄量占总流量分流比/%
360	45	194.35	105.9	254.1	8.36	16.30	1.95		29.40
	30	194.98	208.7	151.3	9.37	23.42	2.50		60.00
	20	195.51	295.5	64.5	9.78	29.34	3.00		82.10
	0	195.73	360.0	0			3.45	3.45	100.00
560	45	194.85	186.2	373.8	11.77	23.54	2.00		33.30
	30	195.75	355.3	204.7	12.33	31.19	2.53		63.40
	20	196.20	451.7	108.3	14.73	44.49	3.02		80.70
	0	196.66	560.0	0			3.55	3.55	100.00

流量 /(m³/s)	龙口宽度 /m	上游右岸 280.32m 水位/m	泄洪闸泄量 /(m³/s)	龙口流量 /(m³/s)	龙口单宽流量 /(m²/s)	龙口单宽功率 /(kN·m·s⁻¹·m⁻¹)	戗堤上下游水位落差 /m	合龙后水位 /m	泄洪闸泄量占总流量分流比/%
	未进占	194.25	91.0	749.0	5.90				10.60
	80	194.65	152.9	687.1	10.32	7.22	0.70		18.20
	60	195.17	242.7	597.3	12.73	14.64	1.15		28.90
840	45	195.66	337.0	503.0	15.67	28.99	1.85		40.10
	30	196.52	525.0	315.0	17.19	44.00	2.56		62.50
	20	197.00	642.5	197.5	22.70	70.82	3.12		76.50
	0	197.75	840.0	0			3.80	3.80	100.00
	未进占	194.75	169.4	950.6	7.44				15.10
	80	195.50	305.2	814.8	12.03	8.42	0.70		27.20
	60	195.85	376.1	743.9	15.51	21.72	1.40		33.60
1120	45	196.35	485.6	634.4	19.08	38.16	2.00		43.40
	30	197.25	707.3	412.7	22.07	57.39	2.60		63.20
	20	197.90	887.0	233.0	24.02	82.88	3.45		79.20
	0	198.70	1120.0	0			4.20	4.20	100.00
	未进占	195.60	325.0	1075.0	8.33				23.20
	80	196.20	451.7	948.3	13.82	13.54	0.98		32.30
	60	196.65	556.0	844.0	17.28	26.78	1.55		39.70
1400	45	197.20	694.1	705.9	20.53	40.04	1.95		49.60
	30	197.94	898.6	501.4	23.00	67.93	2.75		64.20
	20	198.83	1140.4	259.6	24.27	86.63	3.57		81.50
	0	199.60	1400.0	0			4.40	4.40	100.00

4.5 试验成果

试验完成后，应根据截流模型试验研究情况，提出试验最终成果，包括试验记录、关系图表、试验研究报告、典型工况照片、试验全过程录像、通过试验提炼的经验公式和经验方法，以及形成的工法、专利、软件著作权、论文、专著等试验研究成果。

主要截流模型试验研究成果应包括以下内容。

（1）论述、评价分流建筑物的分流能力，计算分流比。

（2）提出抛投进占方式和抛投强度。

（3）推荐戗堤轴线位置。

（4）分析预进占过程，推荐龙口位置、龙口宽度。

（5）分析不同截流方式和截流过程龙口水力参数变化规律，指出截流最困难区段和应采取的工程措施。

（6）提出戗堤分区备料的投料类型、粒径、数量。

（7）研究龙口护底的必要性及方案。

（8）总结戗堤边坡坍塌规律。

（9）对戗堤（或多戗堤）立堵截流整体模型试验，还需论证戗堤间距的合理性，以及戗堤之间的协调进占程序、落差分配等。

（10）对截流布局模型试验，提出不同抛投材料粒径与抗冲流速的关系。

主要截流模型试验研究成果要做到资料准确可靠，结论明确，建议切实可行。

4.5.1　试验记录

试验资料的记录要求如下。

（1）原始记录数据出现错误时，应划掉重写，不应涂改。

（2）原始资料是试验的第一手资料，其正确与否，直接关系到成果质量，因此试验人、计算人和校核人均应对原始资料的真实性、完整性负责，试验者、整理者和校对者均应在原始记录及计算表格中签名，对直接采用电脑记录的原始数据，应注明试验者、整理者和校对者姓名。试验资料应及时整理，并加以妥善保存。

（3）试验数据的有效位数应与试验精度相符，即试验数据的有效位数，除按修约规则外，还应根据精度和谐一致原则，进行取舍。

（4）及时将试验资料整理归档。

4.5.2　关系图表

图表是成果表达的通用方式，需要注意其规范化，不得随心所欲，标新立异，具体要求如下。

（1）当同一试验内容有多组试验资料或一组试验资料有几个参数时，应列表表示。

（2）当同一组试验资料中的两个变量互为函数关系时，宜绘图表示。

（3）当试验组次较多时，可用经验公式表达变量之间的函数关系。

（4）流态、流向应绘制平面图，并标明水边线、回流范围和主流方向。

（5）水位与水面线应按组次绘制相应的图表。

（6）泄流能力可绘制成相应的水位-流量关系曲线或建立相关的经验公式。

（7）流速分布应按试验组次绘制相应的图表。

（8）局部冲刷应绘制冲淤平面图，以及冲坑纵剖面图和横剖面图。

（9）水面波动应用波高、周期和频谱特性等参数描述，并绘制相应的图表。

柬埔寨桑河二级水电站导流明渠三期截流模型试验部分见图 4-13 和图 4-14。

4.5.3　成果报告

（1）报告格式。报告应遵循现行标准规定的科技报告的统一格式。

1）报告宜由封面、扉页、内容提要、正文、参考文献和附录等组成。

2）报告封面应包含试验报告全称、编号、密级、完成单位名称和日期。

3）报告扉页应包含项目编号、项目委托单位、项目负责人、主要参加人、报告编写人、审查人、审批人等。

4）报告的内容提要应用简短文字叙述试验内容和结论等，并给出相应的关键词。

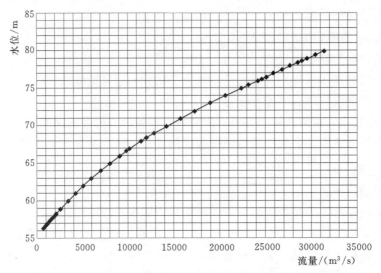

图 4-13 柬埔寨桑河二级水电站导流明渠三期截流模型试验
10孔溢流坝泄流能力曲线图

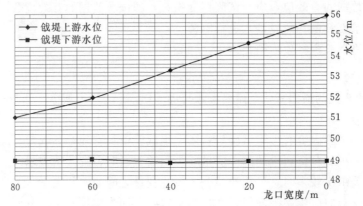

图 4-14 柬埔寨桑河二级水电站导流明渠三期截流模型试验
方案一截流过程戗堤上、下游水位变化曲线图

5）报告正文为试验报告的主体，应采用章节文字详细叙述。

6）报告的参考文献应列出必要的文献。

7）必要时，报告可设置目录。

（2）报告编写。在截流模型试验研究报告中，应阐明截流模型的特点、抛投方法及抛投材料的相似性，论述不同截流方式和截流过程、堆筑体上或龙口的水力特性变化，指出截流最困难阶段和宜采取相应的措施，在比较论证不同截流方式的水力特性基础上，对推荐截流方式提出明确的结论和建议。报告编写要求如下。

1）报告应叙述工程概况、试验目的与任务、模型设计与制作、量测仪器、试验过程、试验结果与分析、结论与建议等内容。

2）报告正文是报告的主体，在相当程度上反映了报告的质量。因此，在技术内容和文字上都应严格要求：做到报告表述内容全面，文字清晰，语句通顺，表达准确，图表规范，不使用未正式公布的简化字、自造字，结论观点明确，建议切合实际。

3）模型设计与制作中应阐明模型的特点，包括模型的边界条件、糙率校正等。

4）报告应使用国家法定计量单位。技术术语应遵循国家标准或行业标准规定，尚无统一规定的应予以定义。

5）试验报告编写完成后，模型应尽可能保留一段时间，以备补充必要成果，进而满足工程设计要求。

（3）报告审批。报告正式印刷前，需要通过一定的审批程序，以保证试验成果质量，重大项目的试验报告应组织专家评审。

4.5.4　照片及影像

为了便于试验说明，或者记录试验过程，方便截流模型项目验收以及科学研究等，截流模型试验过程中应拍摄相应的照片或者录像。试验照片、录像等成果应根据试验过程编辑整理，并配制相应的文字说明，录像应配有相应的字幕和语音解说（见图4-15～图4-21）。

图4-15　三峡水利枢纽模型图

图4-16　峡江水利枢纽工程模型图

（a）上游库区流态（3348m³/s）

（b）10孔泄水闸泄流状态（2945m³/s）

（c）10孔泄水闸下游流态（2505m³/s）

（d）枢纽下游流态（1397m³/s）

图4-17（一）　柬埔寨桑河二级水电站导流明渠三期截流模型试验部分流态

（e）方案一龙口布置

（f）方案一80m龙口流态

（g）方案一堤头保护

（h）方案一截流材料流失情况

（i）方案一从戗堤上游提前进占

（j）方案一截流完成后戗堤

图4-17（二）　柬埔寨桑河二级水电站导流明渠三期截流模型试验部分流态

图4-18　锦屏一级水电站工程截流
模型试验龙口水流形态

图4-19　锦屏一级水电站工程截流模型
试验$Q=701\text{m}^3/\text{s}$戗堤龙口段合龙流
失料形态（双洞导流）

图 4-20 官地水电站截流模型试验［预进占
（流量 1430m³/s、双戗双向进占）完成后
河床主流流态］

图 4-21 官地水电站截流模型试验［戗堤
合龙前（流量 1430m³/s、双戗双向
进占）主流流态］

5 截流模型试验工程实例

5.1 三峡水利枢纽工程大江截流模型试验

三峡水利枢纽工程位于湖北省宜昌县三斗坪镇中堡岛，三峡水利枢纽二期基坑位于中堡岛左侧的主河床内，由三峡水利枢纽二期上、下游土石围堰和已建混凝土纵向围堰共同围成，三峡水利枢纽工程大江截流就是指三峡水利枢纽二期围堰上游戗堤的合龙，即将长江主河道截断，引导水流从中堡岛右侧的导流明渠向下游宣泄。

5.1.1 模型试验概述

（1）模型试验情况。20 世纪 80 年代以来，大江截流试验研究的深度不断加强。1983年，在长江水利委员会长江科学院武汉九万方进行了宽 350m 明渠导流结合明渠通航方案研究。同时，在葛洲坝水利枢纽试验场建造了 1:100 截流模型和 1:150 导流整体模型。1985 年后，又在宜昌前坪建造了两座 1:100 整体模型，1 座 1:80 截流整体模型和 1:40、1:20 截流水槽断面模型进行了截流系列试验。1993 年，在截流模型试验中，发现戗堤进占到深水处抛投时堤头发生坍塌现象，于是进行了一系列复杂的研究工作，包括坍塌现象的规律、机理、防止措施、平抛垫底高程、漂距对防渗墙建造的影响、提前进占戗堤的度汛防冲、主河槽和明渠通航和合龙阶段跟踪预报等复杂问题，经设计综合分析研究，提出了有效的、安全的、经济的截流施工方案。

（2）主要研究内容。流量大、水深大与落差小是三峡水利枢纽工程大江截流的主要特点。试验研究证明水深大、流速低是造成戗堤进占过程中堤头坍塌的主要原因。由于水深大、流量大，决定了截流和围堰工程的规模及施工强度大。截流施工期的通航要求又制约了截流过程中的前期强度，从而使后期的施工强度增大。落差小、流速低，表明一般用来衡量截流难度的龙口水力学指标不高，截流成功是有把握的。大江截流试验研究的重点是如何防止截流进占过程中的堤头坍塌，平抛垫底料安全度汛与满足截流施工期的通航要求。

大江截流选用上游截流戗堤单戗立堵双向进占，下游戗堤跟进方案。截流戗堤布置在二期上游围堰背水侧，呈折线型，与围堰轴线基本平行。截流戗堤设计断面为梯形，顶宽 30m。截流流量为 $14000m^3/s$ 或 $19400m^3/s$。为保证截流期长江不断航，便利戗堤提前进占和垫底料安全度汛，导流明渠于 1997 年 5 月挖通过流。水工模型试验对纯立堵与先平抛垫底再立堵两大方案的水力学问题以及口门、明渠通航水流条件进行了研究；对截流时段、流量、龙口位置、龙口宽度的选择等进行了比较。此外，还对平抛垫底料的度汛及平抛时的漂距、粗化等问题在 1:20 断面槽模型上进行了探究。

5.1.2 非龙口段进占试验

(1) 纯立堵方案非龙口段进占试验。

1) 戗堤进占各时段明渠通航水流条件。试验结果表明：在满足设计通航流量条件下，各进占时段明渠流量均小于 20000m³/s，航线上最大流速小于 3.80m/s，最大比降不超过 0.8‰，明渠内水流平顺，无泡漩等碍航流态。明渠可以满足静水航速为 4.9m/s 的 3×1000t ＋ 1969kW（2640HP）品字形长航船队的通航要求。

2) 非龙口段进占用料粒径及其稳定情况。当来流量 $Q=72300$m³/s 时，上戗堤口门宽 $B_上=600$m 时，堤头最大垂线平均流速为 3.15m/s，用粒径 $d=0.1\sim0.5$m 的小石，可以进占成方头形，说明抛投料稳定性良好。

当 $Q=60000$m³/s 时，$B_上$ 由 600m 向 460m 进占时，右堤头仍用小石进占，左堤头改用 $d=0.4\sim0.7$m 中石进占。试验中发现，右堤头开始坍塌，此时坡脚水深为 28m，而左堤头稳定情况良好。

当 $Q=45000$m³/s 时，$B_上$ 由 460m 向 360m 进占时（水深从 30m 增加到 53m），右堤头坍塌已相当严重，尤其是下游坡脚。左堤头也开始坍塌，当 $B_上=360$m 时，堤头用中石裹头，仍能保持方头型，此时堤头最大垂线平均流速为 3.11m/s。

大江截流非龙口段在 10 月下旬当 $Q=27400$m³/s，$B_上=150$m，下戗堤口门宽 $B_下=390$m 时，堤头垂线平均流速最大为 3.73m/s，此时用中石进占，堤头可保持方头形。

(2) 先平抛垫底后立堵方案非龙口段进占试验。

1) 戗堤进占各时段明渠通航水流条件。长江汛期过后，对截流戗堤轴线预平抛垫底至高程 40.00m，进行了戗堤进占各时段明渠通航水流条件的试验研究。结果表明在 10 月上旬到 11 月上旬，当长江流量为 41300~21900m³/s 时，相应上口门宽度由 360m 向 170m 进占过程中，明渠内水流平顺，无碍航流态。航线上最大流速小于 3.70m/s，最大比降不超过 1.08‰。明渠可以满足静水航速为 3.75m/s 的 3×500t＋597kW（800HP）品字形地方船队的通航要求。

2) 汛期口门、明渠通航水流条件及船模试验。试验时按表 5-1 的各工况进行。

表 5-1　　　　　　　　汛期试验工况及试验内容表

工况	流量/(m³/s)	$B_上$/m	$B_下$/m	试验内容
一	45000	460	540	基本方案通航水流条件
二	45000	460	480	下左戗堤多进占 60m 对通航影响
三	16300	460	480	明渠不分流，地方船队过戗堤口门
四	19500	460	480	明渠不分流，地方船队过戗堤口门
五	30000	460	480	明渠分流，地方船队过戗堤口门
六	66800	460	540	堤头及垫底料度汛试验
七	66800	460	480	堤头及垫底料度汛试验

注　1. 上口门宽 $B_上=460$m 为比设计方案右移 13.7m 后的口门宽；

　　2. 围堰体按设计跟进到距戗堤前缘 15m 处；

　　3. 对于工况一至工况五，上、下龙口垫底区砂砾石与石渣高程均为 40.00m；

　　4. 对于工况六、工况七，上龙口垫底区砂砾石高程 35.00m，石渣高程 40.00m，下龙口区垫底料均为 40m；

　　5. 工况三、工况四的流量是 4 月份频率分别为 5%、1% 时的流量。

A. 工况一、工况二，明渠流量约 12300m³/s，分流比近 27.33％。两种工况下明渠内主流位于低渠的中部偏左，右侧高区为缓流区，局部有回流，回流流速均小于0.20m/s，水流平顺，无碍航流态。船模试验表明，长航船队可沿左、中、右三线上、下行通过明渠，地方船队可沿右航线上行、中线下行通过明渠，航行参数满足通航标准。

B. 戗堤口门通航水流条件：工况二与工况一比较，上口门流速略有减少，下口门流速有所增加，左线可以上行，中线勉强可行，右线不能满足通航要求。船模试验也表明长航船队可沿左、中线上行通过口门，而右线不能上行，但中线可以下行。因此下左戗堤多进占 60m，对口门的通航水流条不会造成不利影响。对工况三至工况五，地方船队可以上、下行顺利通过口门，满足通航要求。

3）汛期戗堤裹头与垫底砂砾石料度汛试验。模型上垫底砂砾石料采用 0.2～1.0mm的细砂近似模拟。按表 5-1 中工况六、工况七进行试验，冲刷时间 3.0h。

A. 四堤头裹头度汛。下左戗堤多进占 60m 时，虽然下左堤头流速增大，但最大流速未超过 3.50m/s。同时，上堤头流速变化不明显，也即下左戗堤多进占 60m 对上戗堤头度汛影响不大。一般上戗右堤头流速均较大，为 4.00～4.60m/s，若遇设计标准洪水流量72300m³/s 时，上右戗堤头流速可能超过 5.00m/s，根据抗冲公式计算已大于中石抗冲流速。但鉴于口门上、下游原淤积泥沙可能被冲走，河床将发生变形，对平抛垫底及戗堤头的稳定性可能发生影响，建议设计方案对上游右堤头采用大石裹头保护度汛，其他堤头采用中石裹头。

B. 垫底砂砾石料度汛。因为石渣料的度汛已不成问题，所以只考虑砂砾石料的度汛。在工况六、工况七情况下，试验测得上口门围堰轴线测点垂线平均流速相差甚微，均为3.40～3.85m/s，底流速为 3.30～3.50m/s，根据抗冲流速公式计算超过了砂砾石的起动流速。但从模型冲刷结果看，两种工况下的冲刷结果基本相同，略有冲刷，石渣堤上存少量砂砾石料。因此，下左戗堤多进占 60m 与否，对上戗堤口门垫底砂砾石料度汛无实质性影响。但是下口门围堰轴线测点垂线平均流速在两种工况下相差却较大。由于边界条件等影响，下左戗堤多进占 60m 后，下围堰轴线测点平均流速增大 0.40～0.60m/s，达4.30～4.50m/s，超过了砂砾石的起动流速，加之流态改变，对垫底砂砾石料的安全度汛不利，在工程上应加强该部位垫底砂砾石料的保护。冲刷试验结果也表明，两种工况下均存在下戗堤砂砾石料翻过石渣埂堆积在埂后面的现象，特别是下戗左堤头多进占 60m 更值得注意。总之，无论多进占与否，砂砾石料均需作防冲保护，建议汛前砂砾石料高程低于石渣埂高程 3.00～5.00m，且对迎水面能加以防冲保护。

5.1.3 龙口段合龙试验

（1）纯立堵方案龙口段合龙试验。

1）截流时段、截流流量的选择。试验结果表明：反映截流难度的主要水力参数——龙口落差、流速等均随截流流量的增加而增加，但由于导流明渠的良好分流能力，在三级设计截流流量 $Q=9010m³/s$、$14000m³/s$、$19400m³/s$ 下的截流落差 Z、龙口流速 V 等水力学参数都不大，不同流量下截流 Z、V 值见表 5-2。

截流时段	截流流量 $Q/(\mathrm{m^3/s})$	截流落差 Z/m	龙口最大流速 $V_{max}/(\mathrm{m/s})$
12月上旬	9010	0.28	2.16
11月下下	14000	0.60	3.06
11月中旬	19400	1.05	3.77
11月上旬	21900	1.22	—
10月下旬	27700	1.72	—

表 5-2 不同流量下截流 Z、V 值

从表 5-2 的成果及进占试验中抛投料的稳定性看,将截流时段定在 11 月下旬或中旬是可行的,甚至提前到 11 月上旬截流也有可能,因与中旬比,截流流量与截流落差增加都不大,且可以为围堰工程赢得 10 天施工期。若再提前到 10 月下旬,则流量、落差值增加太快,截流难度明显增大,且导流明渠通航水流条件也不能满足通航要求。

2) 龙口段进占试验(龙口宽 $B_{龙}=150\mathrm{m}$)。抛投料采用大石($d=0.7\sim1.2\mathrm{m}$)、中石($d=0.4\sim0.7\mathrm{m}$)、小石($d=0.08\sim0.4\mathrm{m}$)三级石料的混合料,其中大、中、小石的质量比为 2:5:3。截流流量采用 $Q=14000\mathrm{m^3/s}$ 与 $19400\mathrm{m^3/s}$ 两级流量。试验结果表明:

A. 进占过程中,当龙口宽 $B_{龙}=100\mathrm{m}$ 时,已形成三角形断面,龙口最大流速值出现在 $B_{龙}=40\mathrm{m}$ 时。两级截流流量下的龙口最大流速分别为 3.06m/s 与 3.77m/s,此时相应落差分别为 0.57m 与 0.93m。当龙口合龙后终落差分别为 0.60m 与 1.05m。

B. 抛投材料在进占过程中无流失现象,且戗堤头部可以抛成所需形状,可见材料的抗冲能力有富余。戗堤上游面的稳定边坡为 1:1.30 左右,下游面的稳定边坡为 1:1.35 左右。龙口段抛投料总用量:当 $Q=14000\mathrm{m^3/s}$ 时为 31.1 万 $\mathrm{m^3}$;当 $Q=19400\mathrm{m^3/s}$ 时为 31.5 万 $\mathrm{m^3}$。

C. 进占过程中戗堤头部时有大面积的坍塌,其中以龙口宽 $B_{龙}$ 从 85~130m 区段发生坍塌次数最多。当龙口宽 $B_{龙}<85\mathrm{m}$ 时,戗堤坍塌次数和每次坍塌面积明显减少;当 $B_{龙}<50\mathrm{m}$ 后,没有发现大的坍塌。坍塌在平面上的形状多数呈三角形,且下游角多于上游角。

D. 进占过程中,围堰轴线断面河床深槽部位淤积沙被冲刷 55% 左右,最大冲深为 2.2~3.0m(与流量有关,流量大冲刷量大),两岸冲刷较小。此外,戗堤下压部位的河床淤积沙没有被冲干净。也就是说,河床淤积沙的冲刷不是造成截流困难的主要影响因素。

(2) 平立堵方案龙口段合龙试验。试验主要是针对戗堤进占时堤头坍塌问题而进行的。对龙口段预平抛垫底高程 40.00m($B_{龙}=150\mathrm{m}$,$B_{下}=260\mathrm{m}$)与预平抛垫底高程 45.00m($B_{龙}=130\mathrm{m}$,$B_{下}=240\mathrm{m}$)两方案进行了综合试验。上游围堰预平抛垫底范围:河床高程低于 40.00m 的深槽段,顺水流方向自围堰轴线上游 27m 开始至围堰轴线下游 154m。下游围堰预平抛垫底范围:围堰轴线上游 30m 至下游 65m。采用的截流流量为 14000$\mathrm{m^3/s}$ 与 19400$\mathrm{m^3/s}$。采用的抛投料与纯立堵方案相同。试验成果如下:

A. 两方案口门区最大流速出现位置基本都在龙口中心、下挑角和戗堤轴线断面坡脚

3 个部位。对平抛垫底高程 40.00m 方案，其龙口中心最大垂线平均流速出现在 $B_龙=$ 30m 时，当 $Q=14000\text{m}^3/\text{s}$ 时流速为 2.89m/s；当 $Q=19400\text{m}^3/\text{s}$ 时流速为 3.67m/s。对平抛垫底高程 45.00m 方案，其龙口中心最大垂线平均流速出现在 $B_龙=50$m 时，当 $Q=$ $14000\text{m}^3/\text{s}$ 时流速为 2.97m/s；当 $Q=19400\text{m}^3/\text{s}$ 时流速为 3.79m/s。两方案与纯立堵方案比较，各方案流速值相差不大，龙口最大流速与截流流量的大小有关，而截流方案（如垫不垫底，垫底的高低）对其影响不大。

B. 对平抛垫底至高程 40.00m 方案，当 $Q=14000\text{m}^3/\text{s}$ 时，$B_龙$ 由 150m 进占至合龙，明渠分流能力由 62.29% 增至 99.69%，截流终落差 $Z=0.65$m；当 $Q=19400\text{m}^3/\text{s}$ 时，$B_龙$ 由 150m 进占至合龙，明渠分流能力由 63.54% 增至 99.85%，截流终落差 $Z=$ 1.01m。对平抛垫底至高程 45.00m 方案，当 $Q=14000\text{m}^3/\text{s}$，$B_龙$ 由 130m 进占至合龙，明渠分流能力由 69.68% 增至 99.69%，截流终落差 $Z=0.64$m；当 $Q=19400\text{m}^3/\text{s}$，$B_龙$ 由 130m 进占至合龙时，明渠分流能力由 71.47% 增至 99.85%，截流终落差 $Z=1.00$m。两方案与纯立堵方案比较，终落差几乎相同。

C. 在进占过程中，两方案均未产生抛投料的流失，且堤头可抛成任意形状。可见，抛投材料的抗冲能力有富余。进占过程中由于龙口中心水深大大减小，戗堤头部坍塌现象大为减轻，坍塌次数明显减少。这说明平抛垫底既有护底作用，又对减少戗堤坍塌有显著作用，而且垫底越高优势越明显。

D. 龙口段抛投材料用量：对垫底高程 40.00m，$B_龙=150$m 的方案，当 $Q=14000\text{m}^3/\text{s}$ 时为 20 万 m^3，当 $Q=19400\text{m}^3/\text{s}$ 时为 21.5 万 m^3。对垫底高程 45.00m，$B_龙=130$m 方案，两级流量下的用料量都是 17.53 万 m^3。两方案与纯立堵方案比较，明显减小了龙口段施工强度，也缩短了龙口段截流时间。

5.1.4 深水戗堤坍塌研究

截流戗堤施工的关键技术难题是动水条件下河床深槽段填筑堤头的坍塌问题。由于河床段的一般水深在 25~30m 之间，而长达 160m 的主河床深槽段的平均水深在 50m 左右，最大水深达 60m，河床地形地貌极为复杂，即使是平抛垫底到高程 40.00m，也尚有 27m 左右的水深。据 1996 年 11 月底，预进占段的填筑统计资料和截流模型试验以及其他工程截流的有关资料分析，只要水深大于 20m，戗堤就必然发生或大或小的坍塌现象，并且随着水深的加大，其坍塌范围也相应扩大，因此，截流难度不言而喻。

截流戗堤施工的有利条件是：已经建成并投入运行的导流明渠具有宣泄最大洪峰流量 7.9 万 m^3/s 的能力。而截流设计流量为 14000~19000m^3/s，说明截流水力学指标较好。根据设计有关资料分析，导流明渠强大的分流能力，可保证在各级流量下使截流落差控制在 1m、流速控制在 4m/s 之内，从而可有效降低截流难度。经分析，最终采取了"模型试验—非龙口段实战演习进占—龙口段突击进占—龙口封堵"的截流施工方案。我国许多高等院校和科研院所为三峡水利枢纽截流做了大量的模型试验，截流实施前模型试验基本情况见表 5-3，截流前模型试验成果见表 5-4。

通过对表 5-4 的成果分析，可以得出以下结论：

（1）河床深槽段和其他部分河段虽已平抛垫底至高程 40.00m，可减小一定的坍塌规

表 5-3 截流实施前模型试验基本情况表

项目	说明
第一次	1997年9月15日15:10—16:30
第二次	1997年9月30日14:50—18:20
地点	长江科学院宜昌前坪三峡水利枢纽工程截流试验基地
重力相似比尺	1:80(第一次)、1:100(第二次)
模拟流量/(m³/s)	19400(第一次)、21900(第二次)
模拟口门宽/m	0~130(第一次)、0~280(第二次)
试验材料	石渣
试验目的	接受1996年11月底上游围堰在预进占过程中发生坍塌的教训;检验深槽段在汛期前平抛垫底至高程40.00m是否对坍塌形成有效的制约;观察明渠分流后水力学参数对截流口门各种宽度情况下的作用;探索在不同流速、流量、落差条件下,抛投强度与坍塌之间的关系

表 5-4 截流前模型试验成果表

次数	位置	坍塌情况						口门情况			明渠分流情况		
		坍塌次数				坍塌面积		流量/(m³/s)	口门宽/m	流速/(m/s)	落差/m	分流流量/(m³/s)	平均流速/(m/s)
		上挑角	堤头	下挑角	合计	最大/m²	最小/m²						
第一次试验	左上戗堤	4	2	5	11	16×22=352	7.5	5800~8200	50~130	3.09~3.12	0.58~0.62	11200~13600	3.06
	右上戗堤	3	2	7	12	24×16=384	19.0						
	左上戗堤	1	0	1	2	3.5×3=10.5	1.8	5800~0	50~0	3.12~0	0.62~0	13600~19400	3.34
	右上戗堤	1	1	1	3	2.3×4=9.2	0.4						
第二次试验	左上戗堤	9	5	14	28	12×18=216	10.4	12100~10700	280~210	2.83~2.91	0.47~0.53	9800~11120	2.85
	右上戗堤	12	8	11	31	21×11=231	5.8						
	左上戗堤	6	6	7	19	15×18=270	14.0	10700~8100	210~130	2.91~3.07	0.53~0.62	11120~13800	2.99
	右上戗堤	5	3	6	14	8.5×10=85	8.8						
	左上戗堤	3	4	5	12	17×13=221	12.6	8100~5600	130~45	3.07~3.24	0.62~0.74	13800~16300	13.00
	右上戗堤	4	2	7	13	13×15=195	11.4						
	左上戗堤	2	0	1	3	4.5×2.2=9.9	3.3	5600~0	45~0	3.24~0	0.74~0	16300~21900	3.58
	右上戗堤	0	0	1	1	2.8×3=8.4	1.2						

模和频率,但由于上部仍有27m水深,且平抛垫底的底部断面宽度还不够,故需要对平抛垫底断面进行加高、加宽。各龙门宽度(非龙口段和龙口段)的进占,在各种流量下所产生的流速、落差的绝对值不大,且变幅也不大,这说明导流明渠强大的分流能力起到了至关重要的作用。

(2)从试验记录的资料可知,坍塌发生与抛投强度有比较明显的线性关系,即相对来说,快速进占坍塌次数较少,面积较小;慢速进占坍塌次数较多,面积较大。因此,建议采用高强度抛投以实现快速进占,减少坍塌。

(3)在龙口合龙前的0~50m范围内,只有几次面积很小的坍塌。说明两端进占的底部已交接，形成了倒三角口门，减小了水深，这时的流速、落差均不大。由此可见，只要有机会，可尽早形成宽 50m 左右的龙口。

5.1.5 试验结论

（1）大江截流期间，无论垫底与否，以及下左戗堤是否多进占 60m，明渠和戗堤口门都能满足长航或地方船队的通航要求。

（2）度汛试验成果表明：在 4 个戗堤堤头中，建议上右戗堤头采用大石保护，其他堤头可用中石保护。对垫底砂砾石料，无论多进占与否都需作防冲保护，建议汛前砂砾石料高程低于石渣埂高程 3.00～5.00m。

（3）大江截流进占试验表明：在两种方案下，截流所用设计抛投材料稳定性较好，都能进占合龙。对纯立堵方案而言，截流过程中堤头时有大面积坍塌现象，造成坍塌的主要原因是水深大、流速低。对平立堵方案而言，戗堤头部坍塌现象大为减轻，坍塌次数明显减少。因此，对深槽部位进行预平抛垫底是减少戗堤头部坍塌最行之有效的办法。此外，预平抛垫底还可以减少龙口段工程量及缩短截流合龙时间。

5.2 三峡水利枢纽工程导流明渠截流模型试验

三峡水利枢纽工程导流明渠截流，采用双戗双向立堵截流方式，上游双向进占，下游单向右岸进占，上、下游戗堤各承担 2/3 和 1/3 落差，设计截流合龙时段选在 2002 年 11 月下半月（实际为 2002 年 11 月 6 日），截流设计流量为 10300m³/s，相应截流总落差为 4.11m，计算最大平均流速达 5～6m/s。上、下游截流龙口宽分别为 150m 和 125m，上、下游龙口部位均设置垫底加糙拦石坎。导流明渠截流有如下特点：工程规模大，工期紧；合龙工程量大，强度高；截流水力学指标高，难度大；截流准备工作受通航条件制约大。

5.2.1 模型试验概述

三峡水利枢纽工程导流明渠模型试验场地布置在距离三峡工地 38km 外的峡口，为了截流的顺利实施，非龙口段进占及龙口段合龙水力学试验在三峡水利枢纽工程 1∶80 截流模型上进行，该模型系正态定床模型，按重力相似准则设计，模型长度比尺为 1∶80。模型模拟河段上起茅坪溪渡口，下至东岳庙，全长 513km，其中坝轴线以上 117km，坝轴线以下 316km。模型 70m 等高线以上岸边地形按长江水利委员会 1978 年测绘的 1∶5000 地形图塑制，高程 70.00m 以下的河床地形（含礁石等微地形）按长江水利委员会 1999 年 3—4 月实测 1∶2000 地形图塑制（导流明渠进出口地形按 2001 年汛前地形进行了修改）；导流明渠混凝土纵向围堰，引航道隔流堤及上、下游护岸工程均按设计图布置。拦石坎抗冲及施工通航水流条件试验在 1∶100 导流模型上进行，模型上起路家河，下迄黄陵庙，全长 11km。模型地形条件及枢纽建筑物布置同 1∶80 截流模型。

龙口水工模型试验在整个明渠截流实施期间全程跟踪原型施工，结合水文水情预报，实时跟踪预报非龙口段进占及龙口段合龙过程中的水力学参数，提供了大量的跟踪预报试验成果，并将所有试验成果及时通过网络反馈给施工现场，为现场实施动态决策提供了可靠的依据，为施工提供了有益的指导，并最终为导流明渠实现高质、高效截流做出了贡献，也显示出对截流施工的科学化、信息化的管理水平，证实了模型试验的相似性和对施工的指导作用。

拦石坎抗冲及施工通航水流条件试验试验共分两个阶段：第一阶段主要进行了龙口不设拦石坎工程措施合龙试验研究和设拦石坎时拦石坎结构型式的比较、施工时机选择、拦石坎汛期的抗冲稳定性及对通航的影响研究，向设计单位提出了推荐的加糙拦石坎方案；第二阶段主要是对招标设计的加糙拦石坎结构型式进行抗冲稳定性、施工水流条件对通航的影响以及改善施工水流条件的措施研究。

5.2.2 非龙口段进占试验

模型试验跟踪、预报具体实施的方法：首先根据当天早晨实测水文条件和口门实际施工进占状态复演原型截流水力学条件，与原型实测水文资料对比验证，以检验模型预报成果的准确性；然后根据当天实测坝址流量和施工进度计划在模型上进行实时跟踪进占，并根据第二天的预报流量和口门进占施工计划预报和提出第二天的龙口水力学条件，上、下戗堤落差分配，拦石坎、抛投材料的稳定和流失情况及需采取的工程措施。

明渠截流上游围堰于 2002 年 10 月 10 日下河，10 月 12 日开始非龙口段进占，至 10 月 28 日形成 144m 宽龙口（设计龙口宽度 150m）；下游围堰于 2002 年 10 月 8 日下河，至 10 月 30 日形成 100m 宽龙口（设计龙口宽度 125m）。在整个非龙口段进占过程中，长江实际来流量一直远小于设计流量，现场实施较为顺利。三峡水利枢纽工程导流明渠截流模型试验跟踪预报见表 5－5。

表 5－5　　　　　三峡水利枢纽工程导流明渠截流模型试验跟踪预报表

日期 /(年.月.日)	名称	流量 /(m³/s)	堤顶宽度 $B_上$ /m	堤顶宽度 $B_下$ /m	模型/ 原型	ΔZ /m	$\Delta Z_上$ /m	$\Delta Z_下$ /m	底孔 分流比 /%	上左堤 头平均 V_{max} /(m/s)	上右堤 头平均 V_{max} /(m/s)	上龙口 平均 V_{max} /(m/s)	下堤头 平均 V_{max} /(m/s)	下龙口 平均 V_{max} /(m/s)
2002.10.28	预报	10200	150.0	125.0	模型	0.98	0.70	0.43	45.10	3.60	3.24	3.60	3.24	3.60
2002.10.28	跟踪	10100	137.7	156.8	原型	0.86	0.71	0.04	48.76	2.89	3.26	2.89	3.26	2.89
2002.10.28	跟踪	10100	137.7	156.8	模型	0.92	0.86	0.08	46.40	3.53	3.32	3.53	3.32	3.53
2002.10.31	预报	11000	120.0	105.0	模型	1.49	1.01	0.58	—	4.45	4.63	4.45	4.63	4.45
2002.10.31	跟踪	9050	134.4	96.4	原型	0.87	0.37	0.49	56.43	2.42	2.71	2.42	2.71	2.42
2002.10.31	跟踪	9050	134.4	96.4	模型	0.99	0.50	0.57	53.00	2.67	2.59	2.67	2.59	2.67

注　1. 为与原型水文施测点接近，堤头平均 V_{max} 系轴线坡脚测点垂线平均流速；
　　2. 龙口平均 V_{max} 系拦石坎或垫底料顶面最大垂线平均流速。

由对比成果可见：与原型实测值相比，模型截流总落差在龙口合龙过程中，随着龙口的缩窄，偏差在 0.10m 左右；上游戗堤承担截流落差偏差 0.15m 左右；下游戗堤承担截流落差偏差在 0.05m 左右，上述指标一般均为模型值略大于原型值；导流底孔分流比与原型值相比，模型值略偏小，偏差约 2.50 个百分点。

对比模型上、下游戗堤口门区及导流明渠内流态，与原型实测基本一致。

由于原型流速实测资料较少且施测部位不固定，因而原、模型流速资料对比比较困难。表 5－5 中对比已有原型、模型相近点流速资料，除个别值外，一般偏差均在 0.40m/s 以内。

综上对比资料表明：模型复演试验各项水力学 50.7%，表明在上述口门配合条件下，下游戗堤承担的指标与原型是基本一致的，能够较真实地反映原型截流落差将超过原设计小于总落差 1/3 的要求。在此基础上进行跟踪预报试验，利于下游戗堤抛投材料的稳定，需作适当调整。其成果是准确可信的，可为施工决策提供可靠的依据，并指导原型实际施工。

5.2.3 龙口段合龙试验

模型试验跟踪、预报具体实施方法与非龙口段相同。根据现场实际施工状况及上、下游下一阶段施工强度，初拟了龙口合龙过程中上、下游戗堤进占口门宽度配合及落差分配（龙口段合龙上戗堤左、右堤头进占长度按 1:3 控制）见表 5-6。

表 5-6　　　　　　　　上、下游戗堤进占口门宽度配合及落差分配表

上戗口门堰顶宽度 $B_上$/m	下戗口门堰顶宽度 $B_下$/m	截流落差 Z/m	上戗落差 $Z_上$/m	下戗落差 $Z_下$/m
144	100	1.34	0.47	0.97
110	80	1.87	0.97	1.03
70	50	2.87	1.19	1.71
20	15	4.36	1.88	2.41

从表 5-6 可见，初拟方案因下戗堤进占口门缩窄较快，其分担截流落差较大，至 $B_上=70m$、$B_下=50m$ 时，下戗堤承担落差 1.71m，为该阶段总落差（2.87m）的 59.6%，达该流量截流闭气后终落差（4.75m）的 36%；至 $B_上=20m$、$B_下=15m$ 时，下戗堤承担落差 2.41m，为该阶段总落差（4.36m）的 55.3%，达该流量截流闭气后终落差（4.75m）的 50.7%，表明在上述口门配合条件下，下游戗堤承担的截流落差将超过原设计小于总落差 1/3 的要求，不利于下戗堤抛投材料的稳定，需作适当调整。

经过模型试验研究，根据水情预测信息，按照确定的龙口上、下游分担落差比例及设备配置情况，提出上、下游戗堤进占口门宽度、落差及流速等水力学参数见表 5-7。

表 5-7　上、下游戗堤进占口门宽度、落差及流速等水力学参数表　($Q=11000m^3/s$)

日　期	上戗口门堰顶宽度 $B_上$/m	下戗口门堰顶宽度 $B_下$/m	截流落差 Z/m	上戗落差 $Z_上$/m	下戗落差 $Z_下$/m	上戗左堤头平均 /(m/s)	上戗右堤头平均 /(m/s)	下戗右堤头平均 /(m/s)
10月31日8：00—11月1日24：00	144	100	1.49	0.70	0.88	3.91	3.83	4.44
	120	90	1.72	0.84	0.96	4.52	4.43	4.76
	105	80	2.01	1.03	1.05	4.70	4.50	4.97
11月2日0：00—11月3日8：00	105	80	2.01	1.03	1.05	4.70	4.50	4.97
	90	72	2.26	1.15	1.20	4.95	4.96	5.17
	70	60	2.73	1.66	1.09	5.73	5.88	5.07
11月3日8：00—11月5日8：00	70	60	2.73	1.66	1.09	5.73	5.88	5.07
	50	43	3.47	2.04	1.40	2.67	2.59	2.67
	20	18	4.28	2.35	1.85	6.11	6.11	6.06

采用表 5-7 所提出的上、下游戗口门进占配合方式，较原方案有效减小了下游戗堤截流落差和流速，使下游戗堤承担的截流落差控制在设计允许范围内，降低了下游戗堤的截流难度，保证了截流的顺利实施。试验中发现：上、下游戗堤进占过程中，进占戗堤堤头有规模较小的塌滑现象发生，并存在少量抛投材料的流失，施工中应制定有效的安全措施，保证施工人员、车辆设备的安全。在形成宽 $B_上=20m$，$B_下=18m$ "小龙口"时，为防止上、下游戗堤头冲刷造成坍塌流失，应采用大石或特大块石裹头保护。

龙口段施工实施从 10 月 31 日 8 时开始，上、下游戗堤分别从 144m 和 100m 口门同时开始高强度、不间断进占抛投，至 11 月 5 日形成上游 20m、下游 18m 的小龙口。11 月 6 日 9 时 10 分，上、下游戗堤三个堤头及跟进堰体同时启动，上游戗堤在短短 38min 内安全合龙，下游戗堤亦在随后 7min 内合龙。

龙口段试验跟踪预报与现场实施对比见表 5-8。

表 5-8　　　　　　　　　　龙口段试验跟踪预报与现场实施对比

日　期	名称	流量/(m³/s)	堤顶宽度		模型/原型	ΔZ/m	ΔZ上/m	ΔZ下/m	底孔分流比/%	上堤头平均 Vmax/(m/s)	上龙口平均 Vmax/(m/s)	下堤头平均 Vmax/(m/s)	下龙口平均 Vmax/(m/s)
			B上/m	B下/m									
11 月 1 日	预报	8800	105.0	80.0	模型	1.28	0.67	0.64	61.40	2.97	3.64	3.36	4.06
	跟踪	8440	78.8	56.0	原型	1.18	0.51	0.70	72.87	—	3.17	—	4.60
					模型	1.36	0.64	0.75	69.00	3.04	3.71	3.97	4.32
11 月 2 日	预报	8600	50.5	43.0	模型	2.21	1.41	0.81	84.90	5.00	5.21	3.42	4.27
	跟踪	7970	47.2	29.9	原型	1.70	0.56	1.08	87.95	—	3.20	—	5.03
					模型	1.87	0.65	1.23	85.20	3.08	3.59	4.37	5.18
11 月 3 日	预报	7970	20.0	18.0	模型	2.50	1.56	0.94	97.90	5.11	5.11	4.15	4.15
	跟踪	7910	8.4	19.4	原型	2.10	1.44	0.61	98.10	—	—	—	2.55
					模型	2.30	1.69	0.59	94.80	3.89	3.89	2.56	2.56

注　1. 预报龙口宽度为堤顶宽；
　　2. 跟踪龙口宽度为水面宽。

分析截流模型试验总落差较原型略大，导流底孔分流比较原型略小的原因，主要如下：

（1）模型试验系在水工定床模型上进行，二期上游围堰拆除地形采用 2002 年 9 月 28 日、29 日实测地形，二期下游围堰拆除地形采用 2002 年 10 月 15 日实测地形，在截流合龙期间上述两部位未再进行新的原型地形测量，而在截流过程中，二期下游围堰的拆除工作一直在紧张进行，模型试验未模拟围堰在此期间的拆除。

（2）二期上游围堰在导流底孔开启前的新淤沙在截流的过程中逐渐被冲刷，模型试验没有考虑。

（3）截流戗堤合龙后模型的戗堤渗流量（100m³/s）比原型（40m³/s）要大，但在合龙闭气（防渗墙完成）后实测导流底孔泄流能力比设计要大 3％以上。这些因素都会使原型导流底孔分流能力提高与明渠截流落差降低。所以水工模型测量值与原型实测值略有偏差，但偏差较小，并不影响对模型试验结果的基本评价。

由表5-7、表5-8可知：在整个龙口段进占施工过程中，模型试验始终与施工现场紧密结合，现场实施基本按照模型试验结果所制定的方案实施。在及时准确的信息和决策引导下，通过科学调度，严格控制了上、下游戗堤的进占程序，从而有效地降低了综合难度，成功地实现了真正意义上的双戗立堵截流，充分体现了导流明渠截流的科学化、信息化。

5.2.4 龙口拦石坎试验研究

（1）龙口不设拦石坎合龙试验研究。龙口不设拦石坎合龙试验工况是：龙口段起始宽度为100m，导流底孔全开敞泄，二期横向围堰拆除条件同设计要求，上戗堤龙口部位原设计加糙齿坎按竣工图布置，上、下游戗堤龙口不设任何加糙拦石坎措施。试验结果为当截流流量$Q=9010\sim12200\text{m}^3/\text{s}$时，闭气以后的截流落差为$3.25\sim5.77\text{m}$。当截流流量$Q=10300\text{m}^3/\text{s}$时，上游单戗截流，龙口最大垂线平均流速为$7.40\text{m/s}$；当截流流量$Q=12200\text{m}^3/\text{s}$时，上、下游双戗截流，按设计要求控制落差分配，上戗堤龙口最大垂线平均流速7.47m/s，下戗堤龙口最大垂线平均流速6.08m/s。当截流流量$Q=10300\sim12200\text{m}^3/\text{s}$时，龙口进占合龙过程中，抛投材料会产生较大数量的流失。

（2）龙口拦石坎加糙措施试验研究。为了减少抛投材料流失，减少大块石料的用量，同时降低龙口合龙难度，试验研究了在龙口设置加糙拦石坎的工程措施。试验尽可能的考虑充分利用施工现场已有的开挖石料和20t混凝土四面体，以降低拦石坎工程措施的费用。试验选用了两种典型的截流流量进行具体细致地研究：第一种截流流量$Q=10300\text{m}^3/\text{s}$，试验采用上游单戗堤单向进占合龙，下游戗滞后30m尾随跟进不承担落差不设拦石坎的截流方式；第二种截流流量$Q=12200\text{m}^3/\text{s}$时，采用上、下游双戗立堵进占合龙，上游戗承担$2/3\sim3/4$截流总落差，下游戗承担$1/3\sim1/4$截流总落差。上游拦石坎轴线位于上游戗轴线下28m。其范围顺水流方向（宽）36m，垂直水流方向（长）100m，下游拦石坎轴线位于下游戗轴线下游$28\sim36$m处。拦石坎采用的抛投材料为20t混凝土四面体、30t钢筋石笼、20t混凝土四面体加大块石等。除进行单层拦石坎外，还进行了二层、三层20t混凝土四面体以及20t混凝土四面体加大块石拦石坎方案试验研究。除了上述代表性拦石坎结构及布置形式外，试验还研究了上戗龙口设置单层20t混凝土四面体、单层30t混凝土四面体、部分单层部分双层20t混凝土四面体、20t混凝土四面体串（四个一串）、缩短拦石坎长度、减小拦石坎宽度等拦石坎方案。

经多种方案进行比较表明：各种拦石坎方案均有较好的加糙护底效果，但在龙口合龙过程中，拦石坎结构型式以采用30t钢架石笼，或二层以上20t混凝土四面体，或先铺设一层20t混凝土四面体然后再镶嵌覆盖一定数量$3\sim5$t大块石，三种形式相对较稳定。

（3）龙口拦石坎护底现场施工与工程实际效果。上游拦石坎抛投范围顺水流向宽度15m，沿戗堤轴线长132m（原设计120m），拦石坎高度2.15m，顶部高程52.15m。采用钢筋石笼，设计需求量为318个，要求单个重要在25t左右。抛投采用设置定位船、水上浮吊吊抛、水下自动脱钩二种方式。为减少对明渠通航的影响，吊抛严格限制在每天7：00—16：00之间进行。10月6日布设定位船并正式抛投。10月16日完成346个钢架石笼抛投任务。从水下地形测量结果看，吊抛十分成功，在预定抛投部位形成理想的拦石坎。下游拦石坎抛投范围顺水流向宽度 15m，沿戗堤轴线长 90m，拦石坎高度 3m，顶部高程 48.00m。单个合金钢网石兜重量为 5～8t，下游拦石坎施工采取不设定位船，用 500m³ 底开驳运输抛投、GPS 定位方式。从实施后水下地形测量结果看，预定区域拦石坎高度已基本达到设计要求。前后共抛投合金钢网石兜 6514m³（设计 6000m³）。

（4）原型与模型试验结果对比。从 2002 年 10 月 27 日起，模型试验工作密切随应现场实际施工状态，进行复演、跟踪、预报等工作。具体实施方法为：首先根据当天早晨实测水文条件和口门实际施工进占状态复演原型截流水力学条件，与原型实测水文资料对比验证，以检验模型预报成果的准确性；然后根据当天实测坝址流量和施工进度计划，在模型上进行适时跟踪进占，并根据第二天的预报流量和口门进占施工计划，预报第二天的龙口水力学条件，上、下游戗堤落差分配，拦石坎、抛投材料的稳定和流失情况等以及需要采取的工程措施。鉴于龙口合龙施工期间，原型水流和边界条件变化较快，为保证模型跟踪预报试验成果的准确性，每次跟踪预报试验前均依照原型边界条件，在模型上复演已进行的施工进占及相应口门区水力学条件，与原型实测资料对比，在所得试验成果吻合的条件下，进行跟踪预报试验。对比模型上、下游戗堤口门区及导流明渠内流态，与原型实测基本一致。由于原型流速实测资料较少，且施测部位不固定，因而原、模型流速资料对比比较困难。对比已有原型、模型相近点流速资料，除个别值外，一般偏差均在 0.4m/s 以内。试验成果还表明，原型在截流全过程中最大附加落差与模型跟踪试验附加落差最大值都只有 0.10m 左右。根据截流过程中龙口拦石坎区域的多次地形测量，以及截流完成基坑抽水后实际地形查勘表明，上、下游龙口拦石坎结构型式保持良好，未见拦石坎抛投材料钢架石笼和合金钢网石兜流失；而后的防渗墙施工验证，合金钢网石兜未进入风化砂填筑区，未造成防渗墙施工困难。综上对比资料表明：模型复演试验各项水力学指标与原型是基本一致的，能够较真实地反映原型施工水力学条件。在此基础上进行跟踪预报试验，其成果是准确可信的。

（5）试验研究成果分析。

1）由于导流明渠底部光滑，加之上戗龙口最大垂线平均流速达 7m/s 以上，下游戗龙口最大垂线平均流速也达 6m/s 以上。当龙口不设拦石坎时，龙口进占合龙过程中，抛投材料有一定量的流失。龙口设置拦石坎能有效减少抛投材料的流失和降低龙口合龙过程中大粒径石料的用量。

2）截流龙口合龙试验表明：拦石坎结构以采用钢架石笼，或两层以上 20t 混凝土四面体，或先铺设 20t 混凝土四面体然后再镶嵌覆盖一定量 3～5t 大块石，三种形式相对较稳定，且拦石效果较好。首次采用合金钢网石兜作为护底新材料，既满足了度汛要求，又不影响明渠通航，取得了良好的效果。

3）拦石坎抗冲试验表明：上游戗龙口采用二层以上 20t 混凝土四面体做拦石坎，当 $Q=27700m^3/s$ 时，混凝土四面体未见流失；当 $Q=35100～42400m^3/s$ 时，混凝土四面体发生流失。上、下游戗采用 20t 混凝土四面体加盖 3～5t 大块石作拦石坎，当 $Q=60300m^3/s$ 时，上游戗拦石坎上最大垂线平均流速达 9.54m/s，放水试验时有少量大块石流失，未见四面体流失。当 $Q=66800m^3/s$ 时，上游戗拦石坎上最大垂线平均流速达 10.51m/s，有一定量的大块石和混凝土四面体流失。

5.2.5　试验结论

三峡水利枢纽工程导流明渠截流是工程二期、三期衔接的关键性控制工程，也是一项复杂的系统工程。为了截流的顺利实施，水工模型试验在整个明渠截流实施期间全程跟踪原型施工进度，结合水文水情预报，实时跟踪预报非龙口段进占及龙口段合龙过程中的水力学参数，提供了大量的跟踪预报试验成果，并将所有试验成果及时通过网络反馈给施工现场，为现场实施动态决策提供了可靠的依据，并为施工提供了有益的指导，为三峡水利枢纽工程导流明渠最终实现安全、有序、高效截流做出了贡献。

5.3　深溪沟水电站工程截流模型试验

深溪沟水电站位于四川省西部大渡河中游汉源县和甘洛县接壤处，是大渡河干流上重要梯级水电站之一。坝区河谷两岸高山耸立，谷坡陡峻，呈现出典型的"V"形河谷。坝址区河床覆盖层深厚达 60m，以粗粒土为主，以第Ⅲ层含漂卵砾石层（alQ$_4^3$）为主体。

深溪沟水电站工程主要任务为发电，水电站装机容量 660MW。工程采用围堰挡水、隧洞导流、大坝基坑全年施工的导流方式。工程拟采用立堵截流方式截流，由河床右岸的两条导流隧洞过流，截流流量选用 11 月 10 年一遇旬平均流量 925～1320m^3/s。两条导流洞进口底板高程 616.00m、出口高程 614.00m，导流洞为城门洞形，断面尺寸为 15.5m×18m（宽×高）。

5.3.1　模型试验概述

为了保证截流工程成功实施，进行了比尺为 1∶60 的大渡河深溪沟水电站截流模型试验研究。在工程实施过程中，由于导流洞进口围堰残埂拆除没有达到原设计要求，分流效果不佳，龙口表面实测瞬时流速达到 10.2m/s，致使截流难度大大增加。截流工程实施过程中进行了跟踪测试，并结合现场情况适时调整了抛投方式，截流工程于 2007 年 11 月 6 日顺利合龙。

模型模拟原型河段约 3200m（沿主流线），其中上游围堰轴线以上 1100m，下游围堰轴线以下 1200m。右岸两条导流洞采用有机玻璃制作。根据原型上游围堰附近河床地形及地质的特点，主要采取定床模型试验，局部动床自围堰轴线以上 200m，至围堰轴线以下 200m 用动床沙模拟。

模型动床沙采用河沙配制，配制后的动床沙颗粒级配经检验与设计提供的数据吻合。截流抛投材料按小石、中石、大石、特大块石分类模拟，深溪沟水电站模型布置见图 5-1。

5.3.2　截流方案试验研究

（1）截流方式。立堵截流具有施工方法简单、施工准备工程量小和费用较低等优点。结合工程导流洞分流条件，参照国内外大型工程的成功经验，以及深溪沟水电站上游梯级瀑布沟水电站截流的有关技术指标，采用立堵截流方式。

戗堤处河谷左、右岸基岩裸露，河床深槽偏右。根据坝址的地形和施工条件，右岸为陡壁，难于布置道路。考虑备料和交通条件，龙口布置在靠近右岸处。因此，截流时仅能从左至右单向进占。

（2）戗堤轴线布置研究。截流戗堤布置在上游围堰堰体范围内，根据截流戗堤与上游围

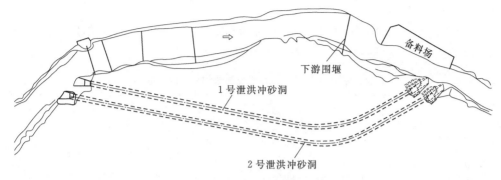

图 5-1　深溪沟水电站截流模型布置图

堰防渗墙的关系，并结合上游围堰结构特点，模型试验选择了 2 条截流戗堤轴线进行比较。

方案一：上游戗堤轴线，布置在防渗墙轴线上游堆石体内，距防渗墙轴线 41.5m，轴线距离 1 号导流洞（即 1 号泄洪冲砂洞）进口左侧翼墙头部约 45m，垂直于主河床。

方案二：下游戗堤轴线，布置在防渗墙轴线下游堆石体内，距防渗墙轴线 35m，垂直于主河床。根据截流戗堤闭气落差试验成果，并考虑波浪爬高等因素，不同截流流量下截流戗堤顶面高程 626.00～627.00m，单戗堤布置方案二时，右岸按 1∶2.7 坡比概化边滩覆盖层。在截流流量 $Q=1320\text{m}^3/\text{s}$、$Q=1080\text{m}^3/\text{s}$ 条件下，不同戗堤轴线布置方案截流指标比较见表 5-9，截流流量 $Q=1080\text{m}^3/\text{s}$ 条件下单戗方案二下游冲刷地形见图 5-2。

表 5-9　　　　　　　　　不同戗堤轴线布置方案截流指标比较表

流量 /(m³/s)	名称	戗堤落差 /m	堤头最大流速 /(m/s)	龙口最大单宽功率 /(kN·m·s⁻¹·m⁻¹)	戗堤总方量 /m³	大石块用量 /m³	特大石块用量 /m³	抛投流失 /m³	流失堆积料距戗堤轴线距离/m	龙口最大冲深/距轴线距 /m
1080	方案一	4.13	7.86	1012.0	32570	5070	550	600	39	7.50/36
	方案二	4.14	7.61	960.0	37330	5310		200	32	7.39/32
1320	方案一	4.60	8.40	1317.1	38410	5410	2250	500	42	10.10/42
	方案二	4.60	8.26	1190.1	44580	*6740	1410	700	36	8.27/36

两种戗堤轴线布置方案比较结果表明：方案二截流水力指标及综合截流难度相当，均可采用大、中、小石配合进占实现戗堤龙口合龙；方案一位于防渗墙上游，试验中发现戗堤进占抛投大石料有流失进入防渗墙部位现象，存在影响防渗墙施工的风险；方案二位于防渗墙下游，没有方案一的不利因素，但因戗堤略长，抛投材料总量有所增加，其中主要是增加中、小石的用量。因此，从防渗墙施工安全角度出发，建议单戗立堵截流

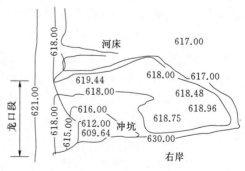

图 5-2　截流流量 $Q=1080\text{m}^3/\text{s}$ 条件下单戗方案二下游冲刷地形图

戗堤轴线选择方案二。

单戗与双戗方案截流对比研究时，考虑截流指标较高，对单、双戗堤截流方案分别进行了试验研究。截流流量 $Q=1320\mathrm{m}^3/\mathrm{s}$，单戗和双戗方案下截流指标比较见表 5-10。

表 5-10   单戗和双戗方案下截流指标比较表（$Q=1320\mathrm{m}^3/\mathrm{s}$）

方案	名称	堤头最大落差 /m	堤头最大流速 /(m/s)	龙口最大单宽功率 /(kN·m·s⁻¹·m⁻¹)	戗堤总方量 /m³	大石块用量 /m³	特大石块用量 /m³	抛投流失 /m³	龙口最大冲深距轴线距 /m
双戗	上戗堤	1.86	5.96	628.3	37500	3900		200	8.33/36
	下戗堤	1.71	5.63	616.1	33410	3900		500	5.56/33
单戗	方案一	4.60	8.40	1317.1	38410	5410	2250	700	10.10/42
	方案二	4.60	8.26	1190.1	44580	6740	1410	500	8.27/36

由试验成果可知：

1）从水力学指标上看，双戗截流戗堤最大落差、堤头最大流速、龙口最大单宽功率均较单戗方案低，比单戗堤截流难度有所降低。

2）双戗戗堤抛投总用量 70910m³，比单戗方案一、方案二分别增加 32500m³、26330m³，大大增加了截流抛投强度。

3）双戗截流对上、下戗堤口门配合要求很高，如果配合稍有偏差，达不到预期效果，而且会增加施工组织和协调难度。因此，根据截流试验成果以及目前国内施工技术和同类工程经验，在设计截流流量条件下，从简化施工组织难度而言，建议采用单戗立堵截流方案实施。

5.3.3 降低截流难度的措施研究

（1）龙口护底。龙口护底形式：从右岸沿戗堤轴线方向宽 36m，顺水流方向长 70m（其中戗堤轴线上游 25m，戗堤轴线下游 45m）。用 0.7~1.0m 大石块铺护厚度约 2m，再用小石块嵌缝，主要是对右岸边滩进行保护，边滩坡度 1∶2.7（沿戗堤轴线方向长 27m）。

在截流流量 $Q=1320\mathrm{m}^3/\mathrm{s}$ 的条件下，试验成果表明，可以通过龙口护底措施对右岸边滩的保护，改善龙口水流条件，从而达到减小河岸冲刷对河岸稳定性的影响，避免或减少堤头坍塌。

（2）右岸堤头的形成。模型试验对护底措施进一步优化，减小龙口保护范围，从而减少大块石用量，仅右岸边滩部位在龙口段进占前提前形成戗堤堤头。当截流流量 $Q=1080\mathrm{m}^3/\mathrm{s}$ 时，试验成果表明：右岸提前形成堤头对边滩进行适当保护后，戗堤下游冲坑深度有所减小，且冲坑位置下移，并远离河岸和戗堤，对河岸安全有利，且减少了堤头坍塌。

（3）右岸龙口段宽戗堤。宽戗形式：龙口 $B=50\mathrm{m}$ 以前戗堤顶面宽度为 25m；$B=50~35\mathrm{m}$ 戗堤宽度由 25m 渐变至 40m；$B=35~0\mathrm{m}$ 戗堤宽度为 40m。当截流流量 $Q=1080\mathrm{m}^3/\mathrm{s}$ 时，采用宽戗堤也没能完全改善右岸边局部水流条件，戗堤头部挑流使龙口主流集中收缩对右岸边产生冲刷形成较深的冲坑，冲坑的深度和范围差别不大，在戗堤进占过程中仍存在坍塌现象。

（4）导流洞进口左岸设置丁坝。在导流洞进口左岸顺水流方向从上到下分别设置，布置方案有以下 3 种。

方案一，布置在导流洞进口上游侧左岸，丁坝向下游倾斜，与岸边呈约 67°夹角。

方案二，布置在两条导流洞之间矶头对岸，丁坝向下游倾斜，与岸边呈约 67°夹角。

方案三，堤头布置在 1 号导流洞轴线延长线上，丁坝与岸边基本垂直。

在截流流量 $Q = 1320 \text{m}^3/\text{s}$ 的条件下，通过对丁坝方案截流试验研究，综合比较有以下几点结论。

1）在导流洞进口附近设置丁坝，可以起到提高导流洞分流量、减少戗堤落差的作用，并在宽龙口段作用明显，丁坝位置以方案三为佳。

2）截流戗堤龙口宽度可减小至 $B = 70 \text{m}$，缩短了龙口段戗堤进占抛投用量和合龙进占时间。

3）由于丁坝堤头挑流，主流顶冲导流洞进口左侧矶头，对导流洞进口水流条件带来不利影响，同时丁坝填筑额外增加了工程量。综合比较表明，右岸边龙口护底措施或沿右岸边截流戗堤部位提前形成堤头的措施对降低截流难度最为有利，因此，在施工条件许可的情况下，建议截流进占之前予以实施。

5.3.4　残留岩埂对截流的影响

当截流流量 $Q = 1080 \text{m}^3/\text{s}$ 时，导流洞进口围堰残埂 2～3m 条件下，与设计条件相比，对龙口段合龙水力学条件、戗堤抛投进占材料及用量、堤头稳定性等影响综合如下：

（1）进口 2m 残埂，进占过程中戗堤落差值增加 0.06～0.13m，龙口最大流速最大增加 0.20m/s；大石、中石均略有增加。戗堤轴线右岸边出现深约 7m 的冲坑，$B = 22 \text{m}$ 时出现 2～3 次小范围的坍塌。

（2）进口 3m 残埂，进占过程中戗堤落差值增加 0.18～0.26m，龙口最大流速增加最大幅度 0.87m/s，在宽龙口 $B = 70 \text{m}$ 时，戗堤落差和龙口流速增幅最大；截流过程中使用了特大块石 1200m³，并且大石块、中石块总用量均分别约增加 6%、9%，抛投总用量增加约 1050m³，流失量也略有增加。

因此，为降低截流难度、减少截流抛投材料流失，以围堰残埂不大于设计进口底板高程 2.00m 为宜。

5.3.5　试验成果分析

（1）截流水力学指标。导流洞进、出口围堰按设计要求高程 616.00m，611.60m 拆除。截流围堰闭气后上、下游水位及落差见表 5-11。

原型截流实际流量在 $Q = 1030 \text{m}^3/\text{s}$ 时，与设计条件比较接近，但由于导流洞分流条件限制，龙口中部最大流速达到 10.2m/s，截流未闭气终落差 4.9m。原型截流主要参数与模型比较见图 5-3。

（2）截流进占过程。截流模型试验按设计抛投强度 600m³/h 进行，并对比研究了 400m³/h 对截流进占难度的影响，试验结果表明，除了截流合龙时间外，两种截流进占

　　　　　　　　　　截流围堰闭气后上、下游水位及落差表

龙口分流量/(m³/s)	上游水位/m	上游水位/m	落差/m
400	620.34	618.26	2.08
665	622.05	618.99	3.06
925	623.56	619.77	3.79
1080	624.36	620.22	4.14
1320	625.48	620.88	4.60
1700	627.20	621.88	5.32
2000	628.49	622.56	5.93

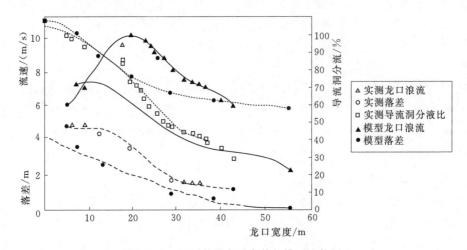

图 5－3　原型截流主要参数与模型比较图

强度条件下截流进占难度没有实质差别。截流困难段在龙口宽度 35～15m，宽度在 25～20m 时，戗堤堤头坡脚与右岸相接。此区段水流于上挑角处以右 30°～50°方向挑流，下挑角处流速较缓。戗堤上挑角用大块石、中石块进占，抛投料在水下形成冲刷面。

　　工程截流进占统计数据表明，从 2007 年 10 月 29 日 18：00 起，至次日 16：00，累计抛投方量 12864m³，最高抛投强度 1156m³/h，最低抛投强度 235m³/h，平均抛投强度 584m³/h，与试验数据基本接近。

　　从龙口宽度 31.9m 即开始进入困难段，表现为特大块石用量明显增加，至龙口宽度 25m 左右，需要使用大石块串，且大石块串的规模需不断加大，才能在龙口稳定，直至龙口宽度 20m 左右。抛投过程中，基本以上挑角为主，否则，对进占不起作用。

　　（3）抛投材料。截流模型试验表明，在截流流量 $Q＝1080m³/s$ 的条件下，堤头最大流速 7.61m/s，使用大、中石块可以实现截流，其中大石块中占龙口段抛投材料总量分别为 20%、28%。

　　在工程实施过程中，由于导流洞分流量不足，龙口从 25m 左右开始，龙口中部流速即达到 9m/s 以上，使截流难度显著增加。另外，为了加快合龙进程，抛投进占过程中也大量使用了大石块和特大石块、四面体等材料，占龙口抛投总量的 40%左右。块石串和钢筋石笼也发挥了重要作用。

综合比较表明，从截流水力学指标，以及截流进占方式和抛投材料使用情况来看，模型试验成果与原型观测数据总趋势基本一致。值得指出的是：由于导流洞进口围堰残堰拆除没有达到设计要求，截流模型试验研究也相应提出了预案，施工备料充分，实施过程中及时进行跟踪预报，保障了截流进占顺利合龙。

5.3.6 试验结论

（1）深溪沟水电站设计截流流量1080m³/s，河道水面坡降大，河床覆盖层厚，施工场地狭窄，通过截流模型试验研究，确定了单戗立堵、从左向右单向进占的截流方式，并提出了降低截流难度的措施。

（2）因为导流洞进口围堰拆除存在残留，分流能力达不到设计条件，龙口实测流速达到10.2m/s，截流难度显著增加，通过截流预案，现场跟踪预报，保障了截流顺利合龙。

（3）综合分析比较截流进占过程中有关水力学参数，以及抛投材料等各项指标，截流模型试验成果与原型观测数据具有良好的相似性，为指导截流施工提供了有力的技术支撑。

截流计算成果表明（见表5-12）：模型试验龙口水力学指标均比计算成果要小，为安全起见，该项截流设计采用水力学计算成果，在2007年11月上旬（$P=10\%$）流量为5160m³/s时截流；同时，为应对截流时段内可能出现超标流量，按流量6500m³/s实施截流准备工作。

表5-12 截流水力学计算成果表（进口岩埂9.0m，出口岩埂7.0m）

龙口宽度 /m	流速 /(m/s)	单宽流量 /(m²/s)	单宽功率 /(kN·m·s⁻¹·m⁻¹)	上游水位 /m	落差 /m	龙口分流量 /(m³/s)	导流洞分流量 /(m³/s)
75	4.41	91.37	148.93	380.740	1.630	3225	1935
70	4.71	97.55	181.43	680.930	1.860	3015	2145
65	5.08	105.56	225.89	381.160	2.140	2739	2421
60	5.85	109.84	250.44	381.280	2.280	2578	2582
55	6.24	105.13	280.70	381.620	2.670	2215	2945
50	6.35	95.07	292.34	381.970	3.075	1779	3381
45	6.26	82.25	284.17	382.310	3.455	1351	3809
40	6.07	68.86	259.61	382.600	3.770	976	4184
35	5.84	55.87	225.14	382.830	4.030	668	4492
30	5.51	43.35	181.65	382.990	4.190	426	4734
25	5.07	31.77	137.24	383.120	4.320	249	4911
20	4.34	21.22	93.48	383.205	4.405	130	5030
15	3.63	12.06	53.75	383.257	4.457	50	5110
10	2.66	4.74	21.23	383.283	4.483	10	5150
5	0.94	0.21	0.95	383.288	4.488	1	5159
0	0	0.00	0	383.290	4.490	0	5160

5.4 锦屏一级水电站截流模型试验

5.4.1 模型试验概述

锦屏一级水电站工程位于四川省凉山彝族自治州木里、盐源两县交界处，施工河段为V形峡谷，河道顺直，坡陡谷窄，水流湍急，工程截流特点为截流落差大、水流流速高且持续时间长，在 2006 年 11 月上旬 10 年一遇旬平均流量 1230m³/s 时，导流洞进、出口为设计边界的条件下，截流闭气后终落差为 5.73m，最大流速为 8.83m/s，工程截流综合难度位居世界前列。为保证截流工程顺利实施，对截流的相关水力学问题进行水工模型试验研究，确定截流时段、截流方式及戗堤的布置，探明截流龙口水力特性，合理选择龙口位置及宽度，对截流过程中可能出现的困难进行分析，为锦屏一级水电站工程截流提供经济合理的截流方案。

（1）截流模型及试验条件。截流模型为正态整体模型，长度比尺为 1:50（$\lambda_l = 50$）、流速比尺 $\lambda_v = 7.07$、时间比尺 $\lambda_t = 7.07$、流量比尺 $\lambda_Q = 17677.67$、糙率比尺 $\lambda_n = 1.919$，截流模型总长度约 50m，模拟原型约 2500m 河段（沿主流线），其中坝轴线上游 1100m，坝轴线下游 1400m，截流抛投材料种类和规格：小石块（原型粒径 0.2～0.4m）、中石块（原型粒径 0.4～0.7m）、大石块（原型粒径 0.7～1.0m）、特大块石块（原型粒径 1.0～1.3m）、20t 混凝土四面体（原型边长 4.14m）、30t 混凝土四面体（原型边长 4.74m）、25t 钢筋石笼（正方体原型边长 2.5m），锦屏一级水电站截流模型试验模型平面布置见图 5-4。

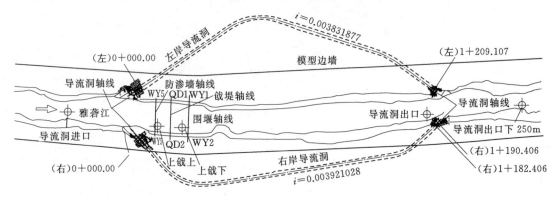

图 5-4 锦屏一级水电站截流模型试验模型平面布置示意图

⊕—水位测站

（2）截流模型试验内容。截流模型试验有以下主要内容。

1）验证试验，即采用 2006 年 5 月至 2006 年 9 月导流洞过流前后实测水文资料，对物理模型河道糙率及沿程水位流量关系进行验证，结果表明模型沿程各测站水位与原型基本一致，模型糙率与原型基本相似，满足试验要求。

2）在双洞或单洞导流试验条件下，研究截流闭气终落差及导流洞进口残埝对上游水位的影响。在双洞导流条件下，导流洞进、出口为设计边界条件时，2006 年 11 月中旬至

12月上旬各旬10年一遇旬平均流量分别为979m³/s、814m³/s、701m³/s时，截流闭气后终落差分别为5.68m、5.46m、5.20m；两个导流洞进口均存在2m残埝时，上述三级流量下截流闭气后终落差增加0.25～0.17m；11月上旬10年一遇旬平均流量为1230m³/s时，截流闭气后终落差为5.73m。同样的流量采用单洞导流时，受导流洞导流能力的限制，截流闭气后终落差大，戗堤上游水位高。

3）非龙口段预进占试验及龙口段进占合龙试验。

5.4.2　截流时段和截流方式

锦屏一级水电站工程所在地枯水期为2016年11月至次年2月，且由于基础防渗墙施工进度的要求，宜尽早进行河床截流较为有利，模型对2006年11月中旬至12月上旬各旬10年一遇旬平均流量为979m³/s、814m³/s、701m³/s进行单戗截流试验。由于戗堤轴线处河谷呈V形，左岸相对较陡且基岩裸露，低线公路布置困难，考虑到截流备料条件，截流龙口宜布置在左岸，并参考国内外大型工程的截流实践案例，模型试验分别在双洞和单洞导流条件下采用从右岸到左岸单戗、单向立堵截流的方式。

试验表明：单洞导流时受导流能力的限制，进占难度非常大，施工强度在龙口困难段需大大加强，试验最大抛投强度达2000m³/h，抛投料流失较多；而双洞导流时，两个导流洞进口均分别存在2m残埝条件下，$Q=701～814m³/s$截流合龙时，以大、中、小石块为主，特大石块为辅可顺利实行龙口合龙。

工程截流方式采用由河床左、右两岸的两个导流隧洞过流，从右岸到左岸单戗、单向立堵截流方式截流，为减少龙口合龙工程量，于2006年11月底提前进行戗堤预进占，截流流量采用12月上旬10年一遇旬平均流量为701m³/s，非龙口段预进占流量采用11月中下旬10年一遇旬平均流量814m³/s，预进占戗堤裹头保护流量采用11月（11月6日至11月30日）10年一遇最大流量979m³/s。

5.4.3　非龙口段预进占试验

模型试验采用双洞导流，两个导流洞进口围堰假定留有2m残埝，采用11月上旬至12月上旬流量701～1230m³/s，对截流戗堤预进占长度及预留龙口宽度进行了试验研究。

（1）非龙口段预进占水力学参数。截流戗堤非龙口段预进占长度及预留龙口宽度试验研究控制条件：① 预进占过程中，试验用小石块（相当于原型 $d=20～40cm$、$d_{50}=35cm$）基本不被起动和流失；② 戗堤头部最大流速不大于3.50m/s；③ 戗堤落差不大于0.8m。非龙口段预进占截流试验主要水力学参数见表5-13。

表5-13　　　　　　　　非龙口段预进占截流试验主要水力学参数表

流量 /(m³/s)	导流方式	戗堤口门 宽度/m	口门水面 宽度/m	戗堤上游 水位/m	戗堤落差 /m	龙口流量 /(m³/s)	堤头最大流速 /(m/s)	龙中流速 /(m/s)
1230	双洞	45	37.0	1643.61	0.63	710	3.11	2.98
979	双洞	40	29.3	1643.12	0.85	528	3.92	3.55
814	双洞	40	28.0	1642.70	0.83	423	3.74	3.51
701	双洞	40	27.5	1642.41	0.76	360	3.48	3.24

由试验成果并考虑现场边界水文条件，预进占段长度以 52～57m、龙口预留宽度以 40～45m 为宜。

（2）龙口位置及龙口宽度选择。考虑到截流戗堤备料点、施工道路基本在右岸等因素，选定的龙口位置位于河床左岸，截流流量采用 12 月上旬 10 年一遇旬平均流量 701m³/s。

龙口宽度的选择考虑如下因素：尽量减少龙口抛投工程量，降低施工强度，缩短合龙历时；当进占流量 701m³/s 时，经龙口束窄壅高后的水位不高于戗堤顶高程 1647.50m；非龙口段堤头流速能保证中、小石块基本不被冲刷流失；遭遇裹头防冲保护流量 979m³/s 时，堤头材料稳定性较好，基本不流失。故综合考虑抛投材料的稳定、合龙的起始口门区流速、落差等因素，选择截流龙口宽度 $B=40$m。

（3）非龙口段抛投进占。在非龙口段进占流量的条件下，用小石块进占，进占抛投料及动床料均未见起动流失。双洞导流条件下，戗堤顶面高程 1647.50m，当非龙口段进占至口门宽度 40m 时，进占抛投总量为 44151m³。

5.4.4 龙口段进占合龙试验

模型试验采用双洞导流，两个导流洞进口围堰假定留有 2m 残埂，截流流量 $Q=701$m³/s，进行龙口段进占合龙试验。

（1）戗堤进占程序及抛投强度。围堰截流采用从右岸向左岸单戗、单向进占。预进占长度约 57m，形成宽 40m 的龙口，进占抛投总量为 44151m³。龙口进占共分 3 区，即 Ⅰ 区、Ⅱ 区、Ⅲ 区，其长度分别为 10m、15m、15m，其抛投块石分别为 6613m³、8465m³、3468m³。合龙按照此顺序依次进占，龙口段合龙抛投强度按原型 1000m³/h 模拟（见图 5-5）。

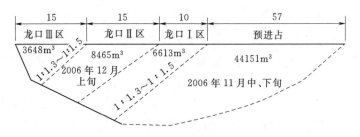

图 5-5　分区进占示意图（单位：m）

（2）截流龙口水力学参数。截流龙口段进占主要水力学参数见表 5-14。

（3）截流龙口进占。龙口 Ⅰ 区进占长度为 10m，开始用小石全断面进占，当进占至龙口宽度 $B=35$m 左右时，堤头上挑角及轴线处抛投的小石沿坡面成弧形滚落至轴线坡脚处，并逐渐形成冲刷面，上挑角及轴线处换用中石配合小石块进占，下挑角小石块跟进。

龙口 Ⅱ 区进占长度为 15m，当宽度 $B=30～20$m 时，堤头上挑角仍用中石配合小石块进占，下挑角以小石块进占，随着口门的缩窄，戗堤落差及堤头流速逐渐增加，戗堤轴线以上抛投的中、小石块部分滚落至戗堤下游侧，沿左岸边呈条带状堆积，不断向下游延伸超出戗堤断面形成流失。当进占至宽度 $B=24$m 左右时，戗堤进占的中、小石块流失较多，换用大石块配合中、小石块流失较多，采用堤头上挑角大石块和中石块配合突前进占，流失相对减少，下挑角也以大石块和中石块配合进占。

表 5 - 14　　　　　　　　　　截流龙口段进占主要水力学参数表

流量 /(m³/s)	戗堤口门宽度 /m	口门水面宽度 /m	戗堤上游水位 /m	戗堤落差 /m	龙口流量 /(m³/s)	堤头最大流速 /(m/s)	龙中流速 /(m/s)	戗堤下游附近施工弃渣堆积体	
								上、下游水位差/m	附近最大流速 /(m/s)
701	40	27.5	1642.41	0.76	360	3.48	3.28	2.30	5.62
	30	18.5	1643.02	2.18	252	6.51	5.30	1.46	5.64
	20	11.0	1643.70	3.58	133	7.34	5.41	0.75	4.85
	15	7.0	1644.11	4.34	63	8.08	5.77	0.43	4.02
	0	0	1644.50	4.94	—	—	—	—	—

龙口Ⅲ区进占长度为 15m，此时导流洞分流量增大，龙口过流量相对较小，堤头上挑角处流速也相对减小，此区在上挑角处采用大石块和中石块配合突前进占，少量流失，可顺利在上挑角处先合龙截断水流，然后再以小石块填筑戗堤，未闭气戗堤终落差为 4.94m。在双洞导流且两导流洞进口均存在 2m 残埂条件下，$Q = 701 m^3/s$ 截流合龙时，戗堤未闭气截流落差为 4.94m，戗堤头部最大垂线平均流速为 8.08m/s，龙口中部最大垂线平均流速为 5.77m/s，以大、中、小石块为主，特大石块为辅可顺利实行龙口合龙。

5.4.5　试验结论

锦屏一级水电站通过截流模型试验，确定了截流时段、截流方式、截流戗堤的布置、龙口位置的选择、龙口段和非龙口段的划分、截流水力学参数、戗堤进占抛投用量及流失量，为截流设计和施工的顺利实施提供了有力的保证。截流已于 2006 年 12 月 4 日顺利合龙，实践证明所选择的导截流方案是成功的，降低了施工难度，减少了施工成本，取得了显著的综合效益。

5.5　瀑布沟水电站截流模型试验

瀑布沟水电站工程位于大渡河中游汉源与甘洛两县境内，是以发电为主，兼有防洪、拦沙等综合利用的大型水电工程。水电站装机容量 330 万 kW。挡水建筑物为砾石土心墙堆石坝，最大坝高为 186m。坝址处大渡河由南北向急转至近东向，平面上呈 L 形。坝址河段坡陡流急，水面比降大于 3‰，不具备通航条件，河床部位有约 60m 深的覆盖层，渗透系数一般为 $2.30 \times 10^{-2} \sim 1.04 \times 10^{-1}$ cm/s，系强透水层。工程设计采用两条隧洞导流，导流洞高 16.5m，宽 13.0m，洞身为马蹄形断面，断面面积 201m²。导流洞进口高程 673.00m，出口高程 668.00m。1 号导流洞长为 926m，底坡为 5.4‰；2 号导流洞长为 1003m，底坡为 5.0‰。截流流量选用 11 月中旬 10 年一遇旬平均流量 1000m³/s。截流计算落差 4~5m，龙口最大流速 7~8m/s。

5.5.1　模型试验概述

（1）模型概况。试验模型按重力相似准则设计为正态整体模型，比尺为 1:70，模型模拟原型河段约 3200m（沿主流方向）。在截流戗堤轴线上、下一定范围内采用局部动床模拟。其中坝轴线上游 1200m，坝轴线下游 2000m。模型的相关物理参数：几何比尺 $\lambda_L = 70$；流速比尺 $\lambda_V = 8.637$；时间比尺 $\lambda_t = 8.637$；流量比尺 $\lambda_Q = 40996$；糙率比尺 $\lambda_n = 2.030$。模型采用 1：1000 地形图等高线法用水泥砂浆塑制高程 700.00m 以下岸边及水下地形，导流洞采用有机玻璃塑制，糙率换算为原型 0.0173。

截流模型平面布置见图 5-6。模型设置了 8 个固定测站测量河道沿程水位，测站位置如下：坝轴线上 560m、坝轴线、坝轴线下 340m、坝轴线下 1300m、导流洞进口、导流洞出口、戗堤上、戗堤下。

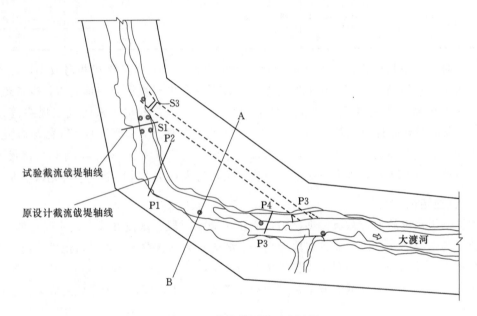

图 5-6　截流模型平面布置图
⊚—水位监测站

根据原型上游围堰附近河床地形及地质的特点，主要采取定床模型试验，局部动床自围堰轴线以上 200m，至围堰轴线以下 200m 用动床沙模拟。模型动床沙根据土体工程地质特性中提供的河床覆盖层，含漂卵砾石层（alQ_4^3）颗粒组成的试验成果采用河沙配制，配制后的动床沙颗粒级配经检验与设计提供的数据吻合。

（2）试验条件。截流流量采用 11 月中旬 10 年一遇旬平均流量 1000m³/s，非龙口段预进占流量采用 11 月上旬 10 年一遇旬平均流量 1340m³/s，预进占戗堤裹头保护流量采用 11 月（11 月 6—30 日）20 年一遇最大流量 1490m³/s。截流戗堤顶宽 25m，根据截流终落差试验成果，戗堤顶高程定为 684.00m。模型试验抛投强度相当于原型抛投强度 1～1.5 万 m³/d。

截流抛投材料种类和规格如下：小石块（原型粒径 0.2～0.4m）、中石块（原型粒径 0.4～0.7m）、大石块（原型粒径 0.7～1.0m）、特大块石块（原型粒径 1.0～1.3m）、15t 混凝土四面体（原型边长 3.76m）、20t 混凝土四面体（原型边长 4.14m）。

5.5.2　截流方案研究与选择

（1）截流方案的选择。因坝址河床天然比降较大，不宜采用双戗堤截流，因无法护底加糙，为减轻截流难度决定采用宽戗堤截流，并拟定了两种不同形式的宽戗方案。

方案一：戗堤顶宽仍采用原设计 25m，满足抛投强度 1.0 万～1.5 万 m³/d 的要求。允许截流困难段抛投料流失，让流失材料在戗堤下游形成舌状体，即形成水下宽戗堤，舌状体伸出戗堤长度以 20t 混凝土四面体能在舌状体末端稳定为准。

方案二：采用 60m 戗堤顶宽。

（2）戗堤轴线的选择。原截流戗堤布置于上游围堰体内，为大坝永久工程的一部分，戗堤轴线平行于大坝轴线。模型试验发现这样布置存在如下问题：

1）由于大渡河在该处由南北向急转至近东向，致使戗堤轴线与河岸不垂直，使戗堤增长，截流工程量大。

2）截流戗堤下游坡脚处的河床地形为一顺水流向跌坎，不利于抛投材料的稳定。

3）戗堤轴线距导流洞口较远，而坝址河床天然比降较大，在同龙口宽度条件下，减少了导流洞的分流比，增加了龙口水流流速。

因此，建议将截流戗堤从原围堰中分离出来，使戗堤轴线垂直于河岸，在不影响导流洞进口流态条件下，尽量上移至导流洞进口附近。

5.5.3　残留岩埂对截流的影响

导流洞进出口围堰往往由于围堰下压导致岩石开挖难度增加、施工工期紧张或爆破不完全等而无法拆到预定高程，从而残留部分围堰，影响导流洞的分流能力，进而对截流产生一定的影响。为此，在对截流模型进行试验研究时，针对导流洞进出口施工围堰拆除残留岩埂对截流的影响研究是必不可少的。瀑布沟水电站工程截流期间，通过左岸两条导流隧洞导流。当主河床封堵时，根据设计要求，导流洞进出口施工围堰分别拆除至 677.00m、670.00m，河水从 1 号、2 号导流洞联合过流，进口围堰拆除按残留岩埂 1m、2m 两种情况进行，即进口围堰拆除高程分别为 678.00m、679.00m。出口围堰拆除按残留岩埂 2m 进行，即出口围堰拆除高程 672.00m。

（1）残留岩埂对截流终落差的影响。在主河道断流，进口施工围堰拆除残留岩埂分别为 1m 和 2m，出口围堰拆除残留岩埂 2m 组合的条件下，试验流量分别为 750m³/s、1000m³/s、1500m³/s，导流洞进、出口围堰残埂对截流围堰闭气后上游水位影响见表 5-15。

表 5-15　　　　导流洞进、出口围堰残埂对截流围堰闭气后上游水位影响表

流量 /(m³/s)	导流洞施工围堰残埂高度		截流戗堤水位/m	水位增加值 /m	进口围堰顶部		导流洞出口围堰顶部		出口围堰下游最大流速 /(m/s)
	进口残埂 /m	出口残埂 /m			水位 /m	最大流速 /(m/s)	堰顶水位 m	最大流速 /(m/s)	
750	0	0	679.99	—	679.50	3.19	—	—	8.18
	1.0	2.0	680.13	0.14	679.03	4.57	673.75	6.38	7.86
	2.0	2.0	680.83	0.81	679.59	4.66	673.75	6.50	7.65

流量 /(m³/s)	导流洞施工围堰残埂高度		截流戗堤水位/m	水位增加值/m	进口围堰顶部		导流洞出口围堰顶部		出口围堰下游最大流速/(m/s)
	进口残埂/m	出口残埂/m			水位/m	最大流速/(m/s)	堰顶水位 m	最大流速/(m/s)	
1000	0	0	681.26	—	680.81	3.43	—	—	9.24
	1.0	2.0	681.28	0.02	680.72	4.38	674.45	7.66	10.20
	2.0	2.0	681.49	0.03	680.91	4.67	674.45	7.61	9.90
1500	0	0	683.82	—	683.49	3.03	—	—	11.37
	1.0	2.0	683.83	0.01	683.45	3.25	675.15	9.91	11.61
	2.0	2.0	683.89	0.07	683.59	3.44	675.15	10.31	12.11

试验过程表明，在设计条件下，当流量 $Q \geqslant 750\text{m}^3/\text{s}$ 时，进口围堰顶面水流均为缓流；进口围堰残埂 1m、出口围堰残埂 2m 条件下，流量 $Q = 750\text{m}^3/\text{s}$ 时，进口围堰顶面水流为急流，岩埂后出现跌水现象，当流量 $Q \geqslant 1000\text{m}^3/\text{s}$ 时，进口围堰顶面水流均为缓流；进口围堰残埂 2m、出口围堰残埂 2m 条件，流量 $Q = 750\text{m}^3/\text{s}$ 时，进口围堰顶面水流为急流，岩埂后跌水较明显，当流量 $Q = 1000\text{m}^3/\text{s}$ 时，进口围堰顶面局部产生较弱的跌水现象，当流量 $Q = 1500\text{m}^3/\text{s}$ 时，进口水流较平顺，堰顶面水流为缓流。

通过表 5-15 中上游截流戗堤水位比较，得出如下规律：相同流量下，进口围堰残埂越高，戗堤水位越高且影响越大；进出口围堰相同拆除条件下，流量越小，对戗堤水位影响越明显；进口围堰残埂越高，流量越小对截流的影响越明显。进口围堰残埂 1m、2m 与设计条件相比，当流量 $Q = 750\text{m}^3/\text{s}$ 时，上游水位分别增加 0.14m、0.81m；当流量 $Q = 1000\text{m}^3/\text{s}$ 时，上游水位分别增加 0.02m、0.23m；当流量 $Q = 1500\text{m}^3/\text{s}$ 时，上游水位分别增加 0.01m、0.07m。因此，相对于截流流量 $Q = 1000\text{m}^3/\text{s}$ 而言，进口围堰残留岩埂 1m 对截流终落差没有明显影响。

（2）残留岩埂对戗堤进占合龙的影响。导流洞进出口残留岩埂的存在，必将对戗堤上游水位、龙口流速等有影响，对截流施工而言，无疑增大了施工的难度及不可预见性。试验中，设计截流流量 $Q = 1000\text{m}^3/\text{s}$，进口围堰残埂分别为 1m 和 2m、出口围堰残埂 2m，两种条件下龙口段进占合龙过程中水力学参数以及与设计条件下试验参数比较，其截流的水力学变化参数见表 5-16。由水力学参数表可以看出，进口围堰残埂 1m、出口围堰残埂 2m 条件下龙口段进占合龙过程中水力学参数与设计条件相比，上游水位增加 0.05～0.58m，戗堤落差增加 0.04～0.18m，均以 $B = 35\text{m}$ 时增加值最大；龙口最大流速增加 0.09～0.30m/s，同样是 $B = 35\text{m}$ 时增加值最大；进口围堰残埂 2m、出口围堰残埂 2m 条件下龙口段进占合龙过程中水力学参数与设计条件相比，上游水位增加 0.27～1.25m，戗堤落差增加 0.14～0.97m，均以 $B = 35\text{m}$ 时增加值最大；龙口最大流速增加 0.15～0.77m/s，同样是 $B = 35\text{m}$ 时增加值最大。

（3）残留岩埂对戗堤进占合龙抛投材料影响。根据表 5-16 的试验分析结果，进口围堰残埂的存在，不仅使得上游水位增加、戗堤落差增加、龙口最大流速增加，而且进口围堰残埂的高度越大，对其影响越大，必将导致截流施工难度的增加和施工成本的增加等，为此，试验中进行了戗堤进占抛投料的统计分析（见表 5-17 和表 5-18）。

截流的水力学变化参数表

流量 /(m³/s)	口门宽 /m	残埂高 /m	水面宽 /m	戗堤上游 水位 /m	水位 增值 /m	戗堤 落差 /m	落差 增值 /m	左堤头最大 流速 /(m/s)	右堤头最大 流速 /(m/s)	龙口最大 流速 /(m/s)
		0	60.0	678.35	—	0.15	—	2.65	1.70	3.90
	70	1	60.0	678.81	0.46	0.26	0.11	2.70	2.35	4.13
		2	60.0	679.09	0.74	0.29	0.14	3.24	2.43	4.61
		0	39.2	678.50	—	0.60	—	4.73	3.84	4.69
	50	1	38.9	679.02	0.52	0.70	0.10	4.27	4.40	4.82
		2	40.0	679.38	0.88	0.83	0.23	4.24	4.74	5.12
1000		0	23.1	679.10	—	2.05	—	6.71	6.71	6.98
	35	1	25.9	679.68	0.58	2.23	0.18	7.05	7.05	7.28
		2	26.0	680.35	1.25	3.02	0.97	7.24	7.10	7.75
		0	11.5	680.35	—	3.81	—	7.68	7.68	8.30
	20	1	12.6	680.45	0.10	3.85	0.04	7.78	7.78	8.39
		2	13.3	681.02	0.67	4.14	0.33	7.52	7.52	8.45
		0	0	680.97	—	4.76	—	—	—	—
	0	1	0	681.02	0.05	4.80	0.04	—	—	—
		2	0	681.24	0.27	4.98	0.22	—	—	—

进口围堰残埂 1m 时戗堤进占抛投料使用情况表

进占区段 /m	戗堤	进占长度 /m	小石块 /m³	中石块 /m³	大石块 /m³	特大块石 /m³	各区段总量 /m³
103～70	左戗堤	12.0	1505	0	0	0	3718
	右戗堤	21.0	2213	0	0	0	
70～50	左戗堤	6.7	1107	443	0	0	4870
	右戗堤	13.3	3320	0	0	0	
50～35	左戗堤	5.0	1107	1107	332	0	6773
	右戗堤	10.0	2546	1239	442	0	
35～20	左戗堤	5.0	1107	1107	443	0	7260
	右戗堤	10.0	2213	1947	443	0	
20～0	左戗堤	6.7	1107	332	221	0	4714
	右戗堤	13.3	2213	553	288	0	
小计	—	103.0	18438	6728	2169	0	27335
合计		—	27335				
各级抛投料占总量的百分比/%			67	25	8	0	100

进占区段 /m	戗堤	进占长度 /m	小石块 /m³	中石块 /m³	大石块 /m³	特大块石 /m³	各区段总量 /m³
103～70	左戗堤	12.0	1549	0	0	0	3762
	右戗堤	21.0	2213	0	0	0	
70～50	左戗堤	6.7	1438	332	0	0	4979
	右戗堤	13.3	3209	0	0	0	
50～35	左戗堤	5.0	1107	1107	664	0	7746
	右戗堤	10.0	2434	1770	664	0	
35～20	左戗堤	5.0	1107	1107	1549	111	8963
	右戗堤	10.0	1770	1549	1770	0	
20～0	左戗堤	6.7	885	332	221	0	3762
	右戗堤	13.3	1660	443	221	0	
小计	—	103.0	17372	6640	5089	111	29212
合计		—	29212				
各级抛投料占总量的百分比/%			59	23	17	1	100

表 5－17 的统计表明，当进口围堰残埂 1m 条件时龙口段进占合龙过程中抛投石料总量 27335m³，其中大石块 2169m³、中石块 6728m³、小石块 18438m³，流失总量 2434m³；而设计条件下抛投材料总用量 25539m³，其中大石块 2767m³、中石块 5355m³、小石块 17417m³，流失料总量 2147m³。表明抛投材料使用情况基本相同，抛投总量增加约 1800m³，流失量也略有增加，进占合龙过程中截流难度没有明显增加。

表 5－18 的统计表明，进口围堰残埂 2m 条件下龙口段进占合龙过程中抛投石料总量 29212m³，其中特大块石 111m³、大石块 5089m³、中石块 6640m³、小石块 17372m³，与设计条件相比抛投总量增加约 6300m³，并且显著增加了大石块和特大块石的用量；此外，戗堤下游侧流失料形成的舌状体平台宽度约 32m、长度 39m，与设计条件（舌状体平台宽度约 17m、长度 18m）相比，舌状体平台范围明显加大，流失量明显增加，流失总量为 4891m³，占总抛投量 17%。同时，流失的中石最远可到达防渗墙轴线附近（戗堤轴线下 140m 处）对防渗墙施工产生不利影响。

5.5.4　试验结论

（1）方案一试验成果。在设计条件下：截流流量 $Q＝1000m³/s$，导流洞进口高程 673.00m，出口高程 668.00m。抛投进占试验发现，当龙口顶宽 $B＝50.0m$ 时，粒径为 0.7m 以下石块开始流失，但流失材料均落至下游冲坑中起填坑作用，并逐步向下游延伸抬高形成舌状体。当 $B＝38.5m$ 时，左、右堤头在戗堤轴线处相接形成三角形断面；当 $B＝20.0m$ 时，龙口最大流速达 8.30m/s，此时相应落差 $z＝4.76m$。当 $B＜20m$ 后截流难度开始降低，抛投 20t 混凝土四面体均能停留在龙口不再流失。当不用混凝土四面体采用粒径为 0.7～1.0m 大石块进占时，虽有部分流失，但也可以顺利合龙。

在设计条件下，最终截流落差 $z=4.76\text{m}$，宽70m的龙口抛投总量为25540m³。抛投材料流失总量为2150m³，占总用量的8.4%。龙口动床冲刷最大深度为6.4m。舌状体平台最大厚度约9.0m，舌状体平台到戗堤下游坡脚线最大距离约25.0m。由于导流洞进、出口均未挖到设计高程，进口部位存在3.0m的高围堰残埂，出口部位存有4.0m的高围堰残埂。在以上现状边界条件下，截流流量 $Q=1000\text{m}^3/\text{s}$ 的试验成果表明：截流水力学参数值比设计条件下有明显增加。如最终落差提高到5.91m，龙口最困难时刻出现在 $B=20\text{m}$ 时，此时龙口最大流速为8.77m/s，相应落差为5.29m。抛投材料总流失量达7400m³，占宽70m龙口总用量19.4%。龙口最大冲刷深度达7.53m，水舌平台距下游坡脚线最远距离约为30m，且需抛粒径为1.0～1.3m特大块石，其他各级抛投材料也需提前15～20m使用（对龙口的宽度而言）。

（2）方案二试验成果。在现状边界条件下，方案二抛投试验成果表明：

1）各级相同口门宽度条件下，上游水位壅高0.01～0.09m，导流洞分流量相应增加3～40m³/s。与方案一比，在一定程度上降低了截流难度，但降低程度有限。

2）在整个截流过程中，抛投材料流失量较方案一减少了2810m³，抛投材料粒径有所减小，未使用特大块石。大石块总用量减少了3140m³，但由于本身体积较大，宽70m龙口总抛投用量增加了16512m³。

3）方案二虽然整个截流流失量减少，最终合龙时，下游舌状体尾端伸出堤外相对长度较短，但由于下游坡脚线相对下移，实际舌状体尾端距戗堤轴线距离较远，散落到上游围堰防渗墙部位的块石比方案一多。

4）施工抛投强度受施工道路等诸多因素的影响，单纯增大堤顶宽度，对施工强度的增加不会很大，但戗堤工程量增加较大，因此，整个截流时间将会增加。

龙口水面线第二次跌落多发生在戗堤下游脚线附近，有一定长度的舌状体，更有利充分利用突扩造成的局部水头损失，因此瀑布沟工程截流选用方案一。

（3）宽戗堤截流具有增大水流沿程摩阻损失，改变龙口垂线流速分布，降低底部流速和能够充分利用突缩与突扩形成两次局部损失等有利水力条件，对突扩等的水下戗堤尤其有利。

（4）大渡河瀑布沟截流模型试验成果及工程实践表明：采用顶宽25m的水下宽戗堤，允许截流困难段产生抛投料流失，形成一定长度的舌状体即所谓"水下宽戗"，在不进行护底加糙、落差大于5m、截流流速大于8m/s的条件下，顺利实现了截流，对我国西部深覆盖层、大比降河流的截流，是一种安全、有效、经济的工程措施，具有非常普遍的推广价值。

5.6 观音岩水电站截流模型试验

5.6.1 模型试验概述

观音岩水电站位于金沙江中游河段，水电站截流工程共分三期。其中一期为左岸导流明渠施工；二期为导流明渠过流，大江截流；三期为坝身导流洞过流，导流明渠截流。二期大江截流模型试验按重力相似准则设计为正态整体模型。根据相似准则要求，结合场地及供水能力，模型比尺采用1：60。满足水流运动相似条件的模型主要比尺关系见表5-19。

表 5-19 模型主要比尺关系表

名称	几何比尺 λ_L	流量比尺 λ_Q	流速比尺 λ_V	压强比尺 λ_P	糙率比尺 λ_n	时间比尺 λ_t
关系	—	$\lambda_L^{2.5}$	$\lambda_L^{0.5}$	λ_L	$\lambda_L^{1/6}$	$\lambda_L^{0.5}$
数值	60	27885.48	7.75	60.00	1.98	7.75

模型范围：长度包括上、下游围堰轴线上、下游各 500m，总长约 2000m；高程包括上游围堰轴线以上，两岸模拟到高程 1070.00m，导流明渠出口以下两岸模拟到高程 1045.00m，上、下游围堰轴线之间两岸从高程 1070.00m 渐变至高程 1045.00m。

模型在坝轴线及其以上 300m 范围内（包含戗堤及上游围堰）按动床模拟，其余部分为定床。动床上部采用细沙模拟覆盖层，下部采用散粒料模拟基岩。

原型基岩抗冲流速 $v=5.5\text{m/s}$；覆盖层抗冲流速 $v=0.65\sim1.05\text{m/s}$。按模型比尺关系换算成基岩模型粒径为 $D_m=10.3\sim20.2\text{mm}$，实际采用粒径大小为 $10\sim20\text{mm}$；覆盖层模型粒径为 $D_m=0.144\sim0.735\text{mm}$，实际采用粒径大小为 $0.1\sim0.8\text{mm}$。

模型按设计提供的地形图和枢纽平面布置图布置三角网进行控制，控制点位置用三角交汇放样。地形用断面板法制作，模板间距一般为 $50\sim100\text{cm}$（模型值），在地形复杂处进行加密。

模型里的水库、上下游地形等部分用砖、砾石、砂及水泥砂浆砌成。导流明渠、泄洪导流洞等泄水建筑物用有机玻璃制作，以便观测流态及修改。

模型的地形和各泄水建筑物的几何尺寸、高程安装精度按《水工（常规）模型试验规程》（SL 155）中的标准控制。

截流抛料粒径计算见表 5-20。

表 5-20 截 流 抛 料 粒 径 表

抛料类型	混凝土四面体	钢筋石笼	大石块	中石块	石渣
原型值	边长 3m；3~4 个串联	2m×1m×1m；3~4 个串联	直径大于 0.7m	直径 0.4~0.7m	直径小于 0.7m
模型要求值	边长 50mm 3~4 个串联	33.3mm×16.7mm×16.7mm；3~4 个串联	直径大于 11.7mm	直径 6.7~11.7mm	直径小于 6.7mm
实际采用	边长 50mm 3~4 个串联	33.3mm×16.7mm×16.7mm；3~4 个串联	10~15mm	5~10mm	小于 5mm

由表 5-20 可知，模型所采用的抛料粒径稍小于要求值，试验成果偏于安全。

为保证模型河道水流条件与原型相似，试验对不同流量下的沿程水面进行了验证，水面误差为 $0.005\sim0.180\text{m}$，模型河道糙率满足与原型相似的要求。

5.6.2 试验目的及内容

（1）试验目的。

1）确定非龙口段进占各区段的水力学参数（泄水建筑物不分流）及确定龙口宽度。

2）验证截流戗堤进占方式和龙口位置是否合适。

3）确定龙口段进占各阶段水力学参数。

4）选定非龙口和龙口段各区抛投料物的类别及粒径（尺寸）。

5）选定料物的抛投方式。

6）选定龙口合龙最困难情况的护底方式、范围及材料。

7）对于二期工程截流，验证导流明渠在进出口围堰不同的拆除情况下，截流时导流明渠的泄流能力及流态。

8）根据截流模型试验，提出与观音岩实际情况较相符的截流方案。

（2）试验内容。

1）测定二期工程截流分别在进占及合龙工况下，戗堤非龙口段和合龙段进占过程各区段的水力学参数，并确定各区段抛投料的类别、粒径（尺寸）、级配及数量。具体包括：上游水位；非龙口段流态及流速分布情况；确定龙口宽度；导流明渠、龙口的流量分配；戗堤渗流量；测定并绘制龙口段各区水力特性表及水力特性曲线（包括龙口水深、流速、单宽流量、落差及单宽能量等）；施测龙口合龙最困难区段的流态、水深、流速、单宽功率等指标；确定非龙口段和龙口段各区抛投料的类别、粒径、级配、数量。

2）选定料物抛投方式。包括：在合龙工况流量下，分别采用"上角突出""下角突出"及"上、下游角同时突出"等三种进占抛投方式进行试验，并提出推荐意见；测出戗堤上、下游坡面及进占方向坡面的坡度，并绘制示意图；统计抛投料的流失量及位置。

3）护底。根据龙口河槽过流的水力特性，提出龙口合龙困难段的护底方式，护底范围及护底料的类别及粒径。

5.6.3 单戗堤截流方案试验

采用上游单戗立堵截流，为保护右岸、改善龙口处流态，右岸预进占 15m 戗堤。

（1）非龙口段进占试验。戗堤进占的河道流量为 $Q=2670\text{m}^3/\text{s}$。

在口门宽度为 95m 前，采用石渣全断面进占，在口门宽度达 95m 后，戗堤头部实测流速已超过河床基岩抗冲流速 5.5m/s，戗堤头部改为中石裹头保护。

当口门宽度为 80m 时，戗堤头部改用大石裹头保护，对（右岸）岸 戗堤需大石加固，抛投过程中，抛投料会产生流失。

当口门宽度到达龙口宽度 75m 时，口门处的水面跌落明显，水流波动较大，流速高，流速已超过河床基岩抗冲流速 5.5m/s，河床上部覆盖层已大部冲走，口门河床为三角堰形。上游水位比天然河道抬高 2.22m，戗堤水面落差为 1.032m。左戗堤头部最大流速为 7.82m/s，右戗堤头部最大流速为 7.49m/s。

（2）龙口段截流试验。截流河道流量为 1460m³/s。龙口段截流过程水力要素变化过程见图 5-7。

在龙口宽度大于 60m 时，戗堤采用大石进占，上、下部分采用石渣跟进，对岸（右岸）预留戗堤流速较大，需大石加固。在龙口宽度小于 60m 后，戗堤采用上挑角 45°方向抛投中石进占，戗堤中部或下部用大石跟进，口门水面降落明显，流速增大。特别是戗堤中后段，相应河床上层覆盖层已全部冲走，抛投料流失严重。

当龙口宽度为 40m 时，戗堤实测流速最大（达 9.98m/s），口门中线单宽功率也达到最大，为截流最困难时段，戗堤中下部只能抛投大石，抛投料流失严重。

当龙口宽度小于 40m 后，采用上挑角 60°方向大石进占，并辅于四面体串（3 个四面体串接）抛投进占。其余部位中石进占，左右戗堤头部冲刷严重，需不断加固。

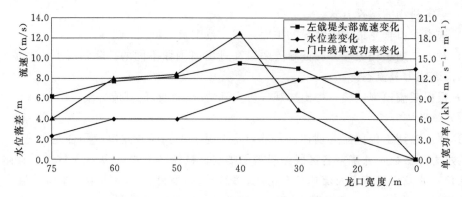

图 5-7 龙口段截流过程水力要素变化过程图

在龙口宽度 30m 后，采用全断面四面体抛投，中石抛投跟进。此时随着明渠分流量的加大，口门处的流量和流速已明显降低，截流难度已大为降低。

（3）单戗截流方案结论。单戗截流方案龙口流速高（达 9.98m/s），水位落差大（最大水位落差 8.6m），抛投料流失严重（可达 27%），截流困难区主要为龙口宽在 60~30m 之间，要完成截流工程，难度非常大。

根据国内外大中型工程截流实践，要降低截流难度，应合理选择截流流量、截流方案和改善分流条件。另外，还可采取的工程措施有：

1）龙口护底。预先在龙口河床抛置一些抛投料形成护底，以防止河床冲刷。

2）平抛垫底。预先抛石料垫高河床，减小水深。

3）设置拦石坎。在龙口下游抛置一些一定高度的拦石坎，拦截抛投料。

5.6.4 双戗堤截流方案试验

采用双戗截流，为保护左岸护坡，上、下游戗堤均预留 15m 戗堤，预留戗堤均采用大石填筑。上、下游戗堤均采用自左向右单向进占，上、下游戗堤顶宽均为 30m，上游戗堤顶高程 1033.00m，下游戗堤顶高程 1026.00m。戗堤进占时的河道流量为 2670m³/s，龙口截流时的河道流量为 1460m³/s。

进占时，下游戗堤配合上戗堤进占。进占过程为：先进行下戗堤进占，以抬高上、下游戗堤间的水位，之后进行上游戗堤进占；当上游戗堤流速减小时，上、下游戗堤间水位降低，再进行下游戗堤进占，以抬高上、下游戗堤间的水位，再进行上游戗堤进占；如此反复，直至截流合龙。进占过程中，控制戗堤进占进度，以防止进度过快面对右岸预留戗堤产生冲刷。

（1）非龙口段戗堤进占试验。上、下游戗均由左岸向右岸单向进占，导流明渠不过流，河道流量 2670m³/s。上、下游戗堤同时全断面进占，抛投料为石渣，戗堤头部边坡会发生垮塌，施工时应注意安全。

1）上游戗堤从左岸岸边——口门宽 120m 进占：进占至口门宽为 120m 时，上戗堤口门处河道水面宽 92.4m，下戗堤口门处水面宽 117.6m，上堤头处有较小扰流，下戗堤河道水流相对平稳。

2）上游戗堤龙口门宽从 120~90m 进占：上、下游戗堤均采用全断面石渣进占，堤头呈方圆形，上游戗堤在进占时，右岸预留戗堤发生了轻微坍塌，需用大石补强。当进占至口门宽为 90m 时，上游戗堤口门处河道水面宽 63.00m，下游戗堤口门处水面宽80.4m，上、下游戗堤河道水流相对平稳，上堤头处有较小扰流。

3）上游戗堤龙口门宽 90～75m 进占：下游戗堤采用石渣全断面进占至 75m；进行上游戗堤进占，采用中石块裹头、石渣跟进，进占至 81m；再进行下游戗堤进占，采用中石块裹头，其余部分石渣跟进，进占至 65m 后进行上游戗堤进占，采用大石块裹头，石渣跟进，进占至 75m。在此过程中，右岸上、下游预留戗堤发生轻微坍塌。

当进占至口门宽为 75m 时，上游戗堤口门处河道水面宽 51.00m，下游戗堤口门宽65m，水面宽 55.8m，上、下游戗堤头部均存在扰流，上游戗堤扰流和水面坡降要大于下游戗堤。

（2）龙口段进占合龙试验。龙口段采用上、下游戗堤由左岸向右岸宽堤单向进占，截流流量 $Q=1460\text{m}^3/\text{s}$，该流量时相应的上游戗堤龙口段水力学指标特性见表 5-21，下游戗堤龙口段水力学指标特性见表 5-22。

表 5-21　　　　　　上游戗堤龙口段水力学指标特性表（$Q=1460\text{m}^3/\text{s}$）

束窄口门宽度/m	上游水位/m	落差 Z/m	单宽流量 q/(m²/s)	流速 V/(m/s)	单宽功率 N/(kN·m·s⁻¹·m⁻¹)	导流明渠泄流量/(m³/s)	龙口泄流量/(m³/s)
80	1019.93	0.14	20.60	1.73	2.88	0	1460
70	1020.19	0.40	25.75	2.17	10.30	0	1460
60	1021.09	1.30	45.98	3.87	59.77	63	1397
50	1023.00	3.21	78.09	6.57	250.67	200	1260
40	1024.12	4.33	60.92	5.13	263.78	509	951
30	1025.24	5.45	35.66	3.00	194.35	944	516
20	1026.12	6.33	19.21	1.62	121.60	1194	266
10	1027.21	7.42	12.57	1.05	93.27	1400	60
0	1027.40	7.61				1460	0

表 5-22　　　　　　下游戗堤龙口段水力学指标特性表（$Q=1460\text{m}^3/\text{s}$）

束窄口门宽度/m	上游水位/m	落差 Z/m	单宽流量 q/(m²/s)	流速 V/(m/s)	单宽功率 N/(kN·m·s⁻¹·m⁻¹)	导流明渠泄流量/(m³/s)	龙口泄流量/(m³/s)
60	1019.32	0.38	35.98	3.26	13.67	0	1460
50	1019.79	0.85	46.50	4.21	39.53	200	1260
40	1020.37	1.43	58.92	5.52	84.26	509	951
30	1020.44	1.50	35.66	4.14	53.49	944	516
20	1020.79	1.85	25.40	2.30	46.99	1194	266
10	1020.79	1.85				1460	0
0	1020.79	1.85				1460	0

1）上游戗堤龙口宽度 75m 时流态：当河道流量 1460m³/s 时，上游戗堤口门处河道水面宽 42.6m，下游戗堤龙口宽 65m，口门处水面宽 47.4m，上游戗堤头部存在明显扰

流和水面降落，下游戗堤水流则相对平稳。

2）上游戗堤龙口宽度75～60m进占：下游戗堤采用中石块裹头、石渣跟进，进占至60m后进行上戗堤进占，采用中石块裹头，其余部分石渣跟进，进占至71m；进行下游戗堤进占，采用中石块裹头、石渣跟进，当龙口宽度小于57m后采用中石块裹头，中上部中石块跟进，下部石渣跟进，进占至52m；再进行上戗堤进占，采用中石块裹头，中上部用中石块、下部用石渣跟进，当龙口至64m后，全断面采用中石块进占至60m。

当上游戗堤进占至口宽为60m时，上游戗堤口门处河道水面宽31.20m，下游戗堤口门宽52m，水面宽35.4m，上、下游戗堤头部均存在明显扰流和水面降落。

3）上游戗堤龙口宽度60～50m进占：下游戗堤采用大石块裹头、其余部位中石块跟进，进占至47m后进行上游戗堤进占，全断面中石块进占至56m；进行下游戗堤进占，采用大石块裹头、其余部位中石块跟进，进占至45.6m后进行上游戗堤进占，采用大石块裹头，其余部位中石块跟进，进占至50m。

当上游戗堤进占至口门宽50m时，上游戗堤口门处河道宽28.20m，下游戗堤口门宽45.6m，水面宽32.4m，上、下游戗堤头部均存在明显扰流和水面降落，此时是戗堤进占最困难的时段。

4）上游戗堤龙口宽度50～40m进占：下游戗堤采用大石裹头、其他部位中石块跟进，进占至41.5m后上游戗堤全断面中石进占，至47.8m；再进行下游戗堤全断面中石块进占，至39m；进行上游戗堤进占，采用45°角中石块裹头，其他部位用大石块跟进，进占至46m；进行下游戗堤下游戗堤全断面中石块进占，至37m，采用大石块裹头，进占至36m；进行山戗堤进占，采用45°角中石块裹头，其他部位用大石块跟进，进占至40m。

当上游戗堤进占至口门宽为40m时，上游戗堤口门处河道水面宽22.2m，下游戗堤口门宽36m，水面宽16.2m，上、下游戗堤头部均存在明显扰流和水面降落，此时导流明渠分流量已大大增加，龙口流量已明显减小。

5）上游戗堤龙口宽度40～30m进占：下游戗堤采用中石块45°方向进占、其他部位中石块跟进，进占至34.8m；上游戗堤采用45°角方向中石进占（进占斜长），下挑角部位用大石45°角方向进占，其他部位中石块进占，进占至37.2m；下游戗堤上挑角45°方向中石块进占，中部中石块进占，下部45°角方向大石块进占，进占至31.2m；再进行上游戗堤进占，上挑角45°角方向中石块进占，中部中石块进占，中、下部大石块进占，进占至32.4m；再进行下游戗堤上挑角45°角方向中石块进占，其余部位大石块进占，进占只25.8m；最后进行上游戗堤进占，上挑角45°角方向中石块进占，其他部位大石块跟进，进占至30m。

当上游戗堤进占至口门宽为30m时，上游戗堤口门处河道水面宽16.2m，下游戗堤口门宽25.8m，水面宽15.6m，此时导流明渠分流量已占绝对优势，龙口流量已大大减小，截流难度已相应减小。

6）上游戗堤龙口宽度30～0m进占：上游戗堤中、上部采用大石块进占，中、下部中石块进占，直至上挑角龙口合龙后，全断面采用石渣进占。下游戗堤停止进占。

7）整个戗堤龙口进占和合龙过程中，上游戗堤块石抛投料共用13.92万 m³，流失量为 0.176 万 m³，流失率为 2.45%；下游戗堤块石抛料共用 11.40 万 m³（未计算填筑下游戗堤龙口缺口部分），流失量为 0.284 万 m³，流失率为 2.5%；抛投料流失主要发生在龙口宽度 60～40m 之间的截流困难区段，流失的抛投料堆积于戗堤龙口下游坡脚。在合龙过程中，堤头会出现 3～4m 的垮塌，应注意施工安全。

8）龙口合龙后，上游水位为 1027.47m，比天然河道抬高 8.319m，导流明渠分流量 1365.97m³/s，分流比为 93.6%，渗流量为 94.03m³/s。

5.6.5 试验结论

采用双戗进占截流，截流难度已降低，进占过程中，上、下游戗堤相互配合进占，以控制水位落差，降低截流难度，戗堤采用上挑角先进占，其他部位跟进进占，抛投料流失量较小。

水力学模型试验的成果与水力学计算成果基本吻合，水力学计算成果中合龙后上游水位为 1027.40m，模型试验成果中上游水位为 1027.47m，水力学计算成果中龙口最大流速为 6.57m/s，水力学模型试验中龙口平均流速为 6.31m/s。由此可见，采取上、下游双戗进占的截流方式及龙口的宽度位置的选择是合理的、可行的。

参　考　文　献

［1］　肖焕雄．世界水电工程大江大河截流现状报告．武汉：武汉水利电力大学，1998.

［2］　周厚贵．深水截流堤头稳定性研究．北京：科学出版社，2003.

［3］　容晓，孟鸣，王志新．向家坝水电站工程大江截流模型试验研究．水利科技与经济，2010，（01）：
91－93.

［4］　黄伟．面向结构图的施工导截流系统仿真理论与应用研究．天津：天津大学，2007.

［5］　钟登华，李景茹，黄河，等．可视化仿真技术及其在水利水电工程中的应用研究．中国水利，
2003，（01）：67－70.

［6］　康迎宾．水电施工截流模型试验及其水力特性数值模拟研究．武汉：武汉大学，2014.

［7］　徐政华．大兴川水电站溢流坝水工模型试验研究．大连：大连理工大学，2015.

［8］　黄伦超，许光祥．水工与河工模型试验．郑州：黄河水利出版社，2008.

［9］　全国水利水电施工技术信息网．水利水电工程施工手册．第5卷．施工导截流与度汛工程．北京：
中国电力出版社，2004.

［10］　刘大明，汪定扬，王先明．葛洲坝工程大江截流若干水力学问题的试验研究和基本结论．中国科
学，1982，（10）：951－962.

［11］　杨文俊，饶冠生，黄伯明．三峡工程大江截流水力学试验研究与工程实践．人民长江，1998，
（1）：5－7.

［12］　谢宇峰，周佩玲．飞来峡水利枢纽截流模型试验研究．人民珠江，2003，（5）：24－26.

［13］　虞东亮．三板溪施工截流设计与模型试验研究．2004，23（1）：44－47.

［14］　郭红民，张安平，车清权，等．瀑布沟水电站工程截流模型试验．四川水力发电，2006，25（3）：
45－49.

［15］　杨忠兴，张华．锦屏一级水电站截流模型试验研究．南昌工程学院学报，2009，28（1）：68－72.

［16］　海博，郭红民，朱宏伟，等．糯扎渡水电站截流模型试验研究．三峡大学学报：自然科学版，
2008，30（3）：38－40.

［17］　张勇，陆振尚．西藏藏木水电站大江截流模型试验．企业家天地，2012，（8）：86－88.

［18］　王静静，杜晓帆，童元雄．黄登水电站截流模型试验研究．水利科技与经济，2012，18（3）：
83－85.

［19］　史德亮，吴平安，付峥，等．大渡河深溪沟水电站截流试验研究及工程实践．长江科学院院报，
2008，25（6）：10－13.

［20］　肖焕雄．施工导截流与围堰工程研究．北京：中国电力出版社，2002.

［21］　水利电力部水利水电建设总局．水利水电工程施工组织设计手册　第一卷：施工规划．北京：中
国水利水电出版社，1996.

［22］　林劲松．蜀河水电站截流水工模型试验研究．水资源与水工程学报，2010，（04）：15－19.

［23］　林劲松．黄河河口水电站截流水工模型试验．人民黄河，2011，（02）：109－121.

［24］　史德亮．大渡河深溪沟水电站截流试验研究及工程实践．长江科学学院院报，2008，（12）：
10－14.

［25］　徐海嵩．窄缝挑流鼻坎水力特性试验研究．杨凌：西北农林科技大学，2014.

［26］　殷彦平．包家坝水电站引水枢纽水工模型试验研究．杨凌：西北农林科技大学，2011.

［27］　中国葛洲坝水利水电工程集团公司．三峡工程施工技术：一期工程卷．北京：中国水利水电出版

社，1999.

[28] 杨文俊，刘力中，郭红民．三峡工程大江截流试验与实践．水力发电，1998，(1)：65-68.

[29] 宁晶，张津，宁廷俊．三峡工程明渠截流龙口护底模型试验与原型对比．水力发电学报，2009，28 (2)：106-109.

[30] 朱红兵，戴会超，郭红民，等．三峡工程导流明渠截流模型试验跟踪预报及实施．长江科学院院报，2003，20 (4)：10-13.

[31] 刘珊燕，刘力中，车清权．瀑布沟水电站宽戗堤截流水工模型试验及应用．人民长江，2010，41 (2)：25-27.

[32] 白绍学，罗永钦，李红英，等．观音岩水电站二期截流工程试验研究．水利科技与经济，2012，18 (10)：22-24，47.

[33] 周有忠，彭宇，李新洲．太平湾水电站二期截流试验研究及原型观测．泄水工程与高速水流，1997 (1)：27-33.

[34] 张黎明，夏毓常．施工截流原、模型对比分析．泄水工程与高速水流，1997 (2)：46-50.

[35] 《长江三峡大江截流工程》编辑委员会．长江三峡大江截流工程．北京：中国水利水电出版社，1999.

[36] 伍鹤皋．水利水电工程专业实践教学指导书．北京：中国水利水电出版社，2011.

[37] 王溢波．水利水电工程实验教程．大连：大连理工大学出版社，2007.

[38] 沈之平，吕丽君．等高线法制模工艺与精度．四川水利发电，2001，20 (3)：53-55.

[39] 李俊美，李新哲，徐长清，等．水工水力学建筑物水泥模型制作方法．甘肃科技，2006，22 (2)：49-50.

[40] 水利水电科学研究院，南京水利科学研究院．水工模型试验．北京：水利电力出版社，1985.

[41] 艾翠玲．水力学实验教程．北京：化学工业出版社，2011.

[42] 程永舟，江诗群，周一平，等．水利工程流体实验教程．北京：人民交通出版社，2009.

[43] 广东省水利电力科学实验所．水工模型试验简介．广东省水利水电科学实验所，1975：30-33.

[44] 蔡守允，刘兆衡，张晓红，等．水利工程模型试验量测技术．北京：海洋出版社，2008.